樟树有害生物
鉴定与防治图鉴

赵丹阳　秦长生　刘春燕　郭乐东　高　磊◎主编

广东科技出版社｜全国优秀出版社

·广　州·

图书在版编目（CIP）数据

樟树有害生物鉴定与防治图鉴 / 赵丹阳等主编． —广州：
广东科技出版社，2020.9
ISBN 978-7-5359-7524-9

Ⅰ．①樟…　Ⅱ．①赵…　Ⅲ．①樟树—病虫害防治—图集
Ⅳ．① S792.23-64

中国版本图书馆 CIP 数据核字（2020）第 127701 号

樟树有害生物鉴定与防治图鉴
ZHANGSHU YOUHAI SHENGWU JIANDING YU FANGZHI TUJIAN

出 版 人：朱文清
责任编辑：尉义明　于 焦
封面设计：柳国雄
责任校对：李云柯
责任印制：彭海波
出版发行：广东科技出版社
　　　　　（广州市环市东路水荫路 11 号　邮政编码：510075）
销售热线：020-37592148/37607413
http: //www.gdstp.com.cn
E-mail: gdkjzbb@gdstp.com.cn（编务室）
经　　销：广东新华发行集团股份有限公司
印　　刷：广州市彩源印刷有限公司
　　　　　（广州市黄埔区百合 3 路 8 号　邮政编码：510700）
规　　格：787 mm×1 092mm　1/16　印张 10.75　字数 215 千
版　　次：2020 年 9 月第 1 版
　　　　　2020 年 9 月第 1 次印刷
定　　价：58.00 元

前言 / Foreword

我国森林资源、林业产业由小到大、由弱变强，已经步入高速发展的快车道。尤其党的十九大报告在乡村振兴战略中提出了"产业兴旺、生态宜居、乡风文明、治理有效、生活富裕"总要求的前提下，森林资源林业产业在实施乡村振兴战略中更加发挥出重要作用，樟树作为亚热带地区重要的园林绿化、珍贵材用和特种经济乡土阔叶树种，是全面推进国土绿化、促进林农增收脱贫致富、形成优质高效多样化的生态产品和林产品供给体系的重要树种资源，在建设林业生态体系和产业体系方面发挥着重要作用。

但随着经济、园林绿化等飞速发展，由于植物的频繁调运、外来植物的不断引入、气候变化及生态环境的恶化，樟树有害生物、灾害程度有所变化和加剧，对林业健康可持续发展和生态文明建设等构成了严重威胁。植物保护或森林保护是营林过程中的一个系统工程，单靠植保人员不能解决根本问题，需要各部门有关人员乃至全社会共同参与。本书提供了大量生态图谱，为全民共同参与森林保护工作提供了科技支撑。从保护生态环境出发，书中列出的有害生物防治方法为无公害防治方法，简便、可操作性强，在农药品种选择上以无公害农药为主，不列入禁用农药。

本书由广东省林业科学研究院组织编写，出版得到了广东省林业科技创新专项资金项目"樟树等乡土阔叶树病虫害防控技术研究"（2013KJCX015-04、2015KJCX044）、广东省林业科技计划项目"广东林业科技宣教基地建设"（2019-04）、广东省地方标准制（修）订项目"肉桂双瓣卷蛾综合防控技术规程"（2015-DB-06）、"樟巢螟综合防控技术规程"（2016-DB-02）的资助，在病虫害调查过程中得到了广东省各市县林业局、林科所、林场的支持，特此致谢。

由于编者水平有限，书中错误或不确切之处在所难免，恳请读者批评指正。

编者

2019 年 12 月

目录 \ CONTENTS

其他有害
生物

附录

病害

樟树炭疽病
• • • • • •

病　　　原：*Glomerella cingulate*（Stonem.）Spauld. et Schrenk（真菌）
寄主植物：樟树、阴香、桃花心木等植物
分布地区：广东、广西、台湾等省区

为害症状

苗圃和幼林为害较重，大树一般感病较轻，主要为害叶片、侧枝和果实。枝条上主要表现为枯梢，幼茎上的病斑圆形或椭圆形，大小不一，初为紫褐色，逐渐变为黑褐色，病部下陷，后病斑互相融合，枝条变黑枯死。重病株上的病斑沿主干向下蔓延，最后整株死亡。叶片、果实上的病斑圆形，融合后呈不规则形，暗褐色至黑色，嫩叶往往皱缩变形。

发病规律

病菌发育的适温为 22 ～ 25℃，12℃以下或 38℃以上停止萌发，以分生孢子盘或子囊壳在病株组织或落叶上越冬。高温、高湿有利于此病的发生，春、夏、秋季发病较严重，冬季发病较轻。干旱贫瘠的土壤发病较多。幼树比老树发病重、种植密度小的比种植密度大的发病重。

●防治方法

（1）适当施足基肥并密植，以利于荫蔽，减少发病。

（2）清除病枝、病叶并集中销毁，用波尔多液涂抹枝干伤口，以免感染。

（3）新叶、新梢期喷施 1% 的波尔多液进行保护。发病初期，交替喷施 25% 吡唑醚菌酯悬浮剂 800 倍液或 80% 炭疽福美可湿性粉剂 600 倍液。

樟树灰斑病

病　　原：*Pestalotia* sp.（真菌）

寄主植物：樟树

分布地区：广东

为害症状

病害大部分从叶尖或叶缘开始，初期叶面出现稍隆起的紫黑色小斑，后逐渐扩展，连成片状，呈不规则状，边缘明显。病斑初为紫黑色，中部棕黄色，最后变成灰白色，上散生许多小黑点。

发病规律

分生孢子盘埋生于寄主表皮下，成熟后突破表皮，淡褐色。高温、高湿下容易发病。

● 防治方法

（1）加强管理，增强树势，提高抗病力；秋、冬季清除病叶烧毁。

（2）发病期间，可喷施 25% 吡唑嘧菌酯悬浮剂 800 倍液或 60% 百泰水分散粒剂 800 倍液，交替施用效果更好。

003

樟树褐斑穿孔病

病　　原：不详（真菌）

寄主植物：樟树

分布地区：浙江、福建、江西、台湾、湖北、广东、云南、广西、四川、江苏等
　　　　　省区

为害症状

主要为害嫩叶，病斑初期褐色，后扩展为圆形或近圆形、直径 3 ～ 5 毫米，
边缘紫褐色，并产生离层后干枯脱落，最后叶片出现穿孔。

发病规律

以子囊壳在落叶上越冬，翌年春季子囊孢子借风雨传播。2 月开始发病，病
斑非水渍状，不透明，周围无晕圈。3—4 月为发病盛期，降水量大时病害易发
生与流行。

● 防治方法

（1）清除林间枯枝落叶，以减少侵染来源。

（2）寄主植物发芽前喷施晶体石硫合剂 50 ～ 100 倍液保护。

（3）发病初期，喷施 58% 瑞毒霉锰锌可湿性粉剂 500 倍液或 50% 加瑞农可
湿性粉剂 1 000 倍液。

樟树毛毡病

病　　　原：*Eriophyes* sp.（真菌）
寄主植物：樟树、阴香、榕树、梨、荔枝、龙眼等植物
分布地区：华南地区

为害症状

主要为害寄主植物叶片，被瘿螨侵害之后，其表皮细胞受到瘿螨分泌液的刺激，产生畸变，先在叶背出现苍白色、不规则形的病斑，后产生初为白色、逐渐变为褐色、弯曲或卷曲、有多数隔膜、密集的绒毛。叶背长绒毛处下陷，红褐色，叶面突起，病部弯曲缩小，健部仍能生长，叶片畸形，形成如毛毡的绒毛状物。

发病规律

毛毡病的病原为瘿螨，成虫无色，虫体细长。瘿螨一年发生10多代，以成虫在被害叶片、芽鳞内或枝条的皮孔中越冬。春季发芽或嫩叶抽出时，越冬成虫从芽内迁移到幼嫩的叶片背面吸食汁液，受害部位表皮绒毛增多，形成特有毛毡病症状。若螨、成螨在绒毛内取食活动，将卵产于绒毛间，绒毛对瘿螨具有保护作用。该虫不断繁殖扩大为害，但不侵入叶片组织内部。

该病于春季嫩叶生长时开始发生，至夏、秋季为害最为严重，高温干旱条件下发病严重，晚秋后逐渐停止为害。

●防治方法

（1）秋、冬季清除病叶和杂草，集中烧毁，以减少侵染来源。

（2）春季树木发芽前，喷施2～5波美度石硫合剂消灭越冬成虫，展叶后于幼虫发生期喷施0.2～0.4波美度石硫合剂。

（3）发病盛期，喷施15%哒嗪酮乳油3 000～4 000倍液或1%灭虫灵乳油3 000～4 000倍液。

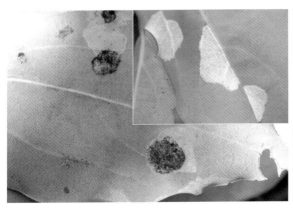

樟树黄化病

● ● ● ● ● ● ●

病　　　原：生理性和侵染性病害
寄主植物：樟树
分布地区：广东、广西、上海、浙江、湖北、湖南等省区市

为害症状

　　生理性黄化的叶片表现为黄绿色，初期全株叶色由绿变黄、变薄，叶面出现乳白色斑点；腋芽萌生，形成细小侧枝，严重时叶色苍白，叶片局部坏死，无蜡质光泽，叶绿素只有正常含量的 5%～10%；枝梢稀疏，树势生长缓慢。侵染性黄化，发病初期的小枝顶端叶片变小，变窄，全叶黄白变薄。随着病情加重，腋芽萌生，形成细小的丛状侧枝，病枝节间缩短，簇生成丛，最后全株叶片黄化，树木长势衰弱，直至枯死。

发病规律

　　生理性黄化主要是由土壤酸碱度过高引起，pH 7.2～8.3 时会出现不同程度的黄化现象。4—6月病株最黄，6月底稍返青，10月又变黄，病树不易死亡。侵染性黄化是由类菌质体侵染引起，可通过昆虫、嫁接传病，染病 2～3 年后树木枯死。

●防治方法

　　（1）不要在碱性和含钙质较多的土壤、靠近水泥砖墙或堆积过石灰的地方种植樟树。

　　（2）在碱性土壤中可浇施 0.1%～0.2% 的磷酸二氢钾溶液或 1%～2% 的硫酸亚铁溶液，或将硫酸亚铁混入肥料中施用。

　　（3）发现类菌质体黄化的病株应及时挖除。

樟树枝枯病

· · · · · · ·

病　　　原：*Cytosporella cinnamomi* Turconi（真菌）
寄主植物：樟树
分布地区：广东

为害症状

　　病菌初期主要为害幼嫩的小枝，后与一些担子菌复合为害，侵染衰弱的主侧枝。病部开始为浅栗褐色，椭圆形，似癣斑，病斑逐步扩展，环绕枝条一圈时上部的枝条干枯，叶片脱落呈秃枝。枯枝黄褐色，病部与健部没有明显界限，嫩枝上散生或丛生许多小黑点。在粗大主侧枝上有时可见到黄白色、平铺的子实体，这是次要的病原菌。严重的病株秃枝多，易折断，遇上风雨纷纷断落。

发病规律

　　樟树枝枯病病原菌早期主要为 *Cytosporella cinnamomi*，当樟树出现枝干枯枝后，高等担子真菌 *Poria xantha* 便乘虚而入，复合为害。病菌在枯枝上越冬，环境适宜时形成分生孢子或担孢子，从芽痕、伤口或嫩枝表皮层侵入为害。树势生长衰弱、潮湿荫蔽、阳光不足及树下卫生状况差的发病较重。

007

● **防治方法**

（1）清除病枝及地下枯枝集中烧毁，并适当施有机肥料，增强树势，提高抗病力。

（2）树冠修剪后喷施 1% 波尔多液进行保护。

（3）初春树木抽梢后，喷施 1% 波尔多液、25% 吡唑嘧菌酯悬浮剂 600 ～ 800 倍液、10% 世高水分散粒剂 800 倍液，交替喷施。

樟树溃疡病

· · · · · · ·

病　　原：有性型鉴定为囊饱壳菌（*Phytsalospora* sp.），无性型鉴定为大茎点霉
　　　　　菌（*Macorphoma* sp.），均为真菌

寄主植物：樟树

分布地区：广东、陕西、云南、浙江等省

为害症状

主要为害新植樟树的主干和枝条，其症状大致可分为 4 种类型。

（1）**溃疡型**　病菌从伤口或衰弱组织侵入后，初为圆形小黑斑，湿度大时黑斑边缘呈水渍状，若在低湿和植株抗性较强时，有的黑斑边缘变为枣红色。病斑继续扩展后，形成大型黑色梭斑。梭斑一般长 5 ～ 10 厘米，长的可达 30 厘米左右。以后渐变为茶褐色，最后变为灰白色。病斑中部凹陷，形成典型梭形溃疡病斑，翌年约 4 月开始，老病斑周围的菌丝向上、下扩展，向下扩展可达茎基部，向上扩展可达树冠枝条。病斑扩展的长度有的一年可达 78 厘米，2 ～ 3 年后可造成整个枝干半边溃疡。

（2）**黑干型**　在适宜的条件下，病害迅速发展，使整个树干或半边树干变黑或老病斑周围的菌丝横向扩展，整个树干形成黑干，后变为褐色，最后变为灰白

色。此类型病树若遇干旱天气，植株很快死亡。

（3）**枝枯型**　发生于分枝和分枝基部的病斑，使整个枝条变黑枯死，形成枝枯。

（4）**花斑型**　在长势好或已长粗皮的植株上，病斑扩展很慢，只形成枣红色或茶褐色花斑。病部易开裂，此型病斑对植株有为害，但不致植株死亡。

发病规律

该病原菌以菌丝和子囊孢子在病组织和病残体上越冬，由伤口或皮孔侵入植株，从皮孔或伤口处产生疱疹，即病原菌的子囊孢子。子囊孢子可随气流、风雨、昆虫或林事操作进行传播，分泌毒素，堵塞筛管，影响水分输送而导致树体病变。4月上旬至5月，以及9月下旬为病害发生高峰。至10月底，病害逐渐停止蔓延。因防冻为树干包裹的薄膜，在高温时没清除掉的植株易发病。地势低洼积水、排水不良、土壤潮湿、栽植过深的易发病，过分干旱时发病重。虫害为害重的植株发病重。品种间对该病的抗性有差异，小叶樟树较大叶樟树发病重。

●**防治方法**

（1）发病前喷淋或浇灌20%络氨铜锌水剂400倍液、50%苯菌灵可湿性粉剂1 500倍液、50%混杀硫悬浮剂500倍液较好。

（2）发病后喷淋或浇灌40%福美砷可湿性粉剂100倍液、70%甲基硫菌灵超微可湿性粉剂1 000倍液或75%百菌清可湿性粉剂800倍液。

（3）发病初期的树体，可用排笔蘸50%多菌灵可湿性粉剂、70%甲基托布津可湿性粉剂或75%百菌清可湿性粉剂50～100倍液涂抹病部。

有害植物

小叶海金沙

拉丁学名：*Lygodium scandens*（L.）Sweet
别　　名：转转藤、左转藤、斑鸠窝
分类地位：水龙骨目（Polypodiales）海金沙科（Lygodiaceae）海金沙属（*Lygodium*）
寄主植物：樟树等多种植物
分布地区：福建（西部）、台湾、广东、香港、海南、广西、云南（东南部）

为害症状

寄生缠绕草本植物，缠绕攀缘于寄主植物上，使寄主不能进行光合作用而死亡。

形态特征

植株攀缘生长。叶轴纤细如铜丝，二回羽状。羽片多数，对生于叶轴的距上，顶端密生红棕色毛。不育羽片奇数羽状，生于叶轴下部，长圆形，或顶生小羽片有时2叉。小羽片4对，互生，有2～4毫米长的小柄，柄端有关节，各片相距约8毫米，卵状三角形、阔披针形或长圆形，先端钝，基部较阔，心脏形，近平截或圆形。边缘有矮钝齿，或锯齿不甚明显。叶薄草质，干后暗黄绿色，两面光滑。

●防治方法

（1）人工拔除或铲除。

（2）利用农机具或大型农业机械直接杀死、刈割或铲除。

（3）利用化学除草剂进行防治。

无根藤

拉丁学名：*Cassytha filiformis* Lour.

别　　名：无爷藤、手扎藤、金丝藤、面线藤、过天藤、无根草、无头藤等

分类地位：毛茛目（Ranales）樟科（Lauraceae）无根藤属（*Cassytha*）

寄主植物：樟树等多种植物

分布地区：云南、贵州、广西、广东、湖南、江西、浙江、福建及台湾等省区

为害症状

寄生缠绕草本植物，借盘状吸根攀附于寄主植物上，使寄主不能进行光合作用而死亡。

形态特征

茎纤细，直径1～2毫米，细长而弯曲，相互缠绕成团，或为不规则小段，长10～20毫米。表面棕色或黄棕色，有的密被黄褐色柔毛。不易折断，断面粗糙，纤维性，常中空，黄白色至红棕色，木部与皮部不易分离。叶为极小的鳞片状。花小，偶见，灰白色，无梗。果实卵球形，黑褐色，包藏于花后增大的肉质花被内。

●防治方法

（1）人工拔除或铲除。

（2）利用农机具或大型农业机械直接杀死、刈割或铲除。

（3）利用化学除草剂进行防治。

五爪金龙

● ● ● ● ● ●

拉丁学名：*Ipomoea cairica*（L.）Sweet
别　　名：槭叶牵牛、番仔藤、台湾牵牛花、掌叶牵牛、五爪龙
分类地位：茄目（Solanales）旋花科（Convolvulaceae）番薯属（*Ipomoea*）
寄主植物：路旁、林区边缘、茶园、公园、河岸、滩涂、水渠旁的各种林木
分布地区：华南地区

为害症状

缠绕茎具有强大的攀附能力，可顺树干而上，迅速覆盖其他植物的外表，使得被攀附植物得不到足够的阳光进行光合作用而慢慢枯萎死亡。

形态特征

多年生缠绕草本，全体无毛，老时根上具块根。茎细长，有细棱，有时有小疣状突起。叶掌状 5 深裂或全裂。裂片卵状披针形、卵形或椭圆形，中裂片较大。蒴果近球形，高约 1 厘米，2 室，4 瓣裂。种子黑色，长约 5 毫米，边缘被褐色柔毛。

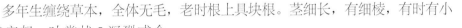

● 防治方法——————

（1）在五爪金龙开花后未结实之时，通过砍除其茎部，使地上部分枯死，防止其后代进一步大规模繁殖和扩散。

（2）选择 2, 4-D 丁酯、恶草灵、毒莠定等化学除草剂注入其茎基部的方式对五爪金龙进行清除，具有较高的灭除效果。

（3）假臭草、艾蒿、飞机草、黄帚橐吾和披针叶黄华等水提液均对五爪金龙种子萌发和幼苗生长可产生明显的抑制作用。鳞翅目天蛾科甘薯天蛾幼虫、甘薯蜡龟甲、甘薯台龟甲可蚕食五爪金龙叶片。

薇甘菊

拉丁学名：*Mikania micrantha* Kunth
别　　名：小花蔓泽兰、小花假泽兰
分类地位：桔梗目（Campanulales）菊科（Asteraceae）假泽兰属（*Mikania*）
寄主植物：当地高8米以下的几乎所有树种
分布地区：广东、云南、海南、广西、香港、台湾及澳门等省区。

为害症状

多年生藤本植物，在其适生地攀缘缠绕于乔灌木植物，重压于其冠层顶部，阻碍附主植物的光合作用继而导致附主死亡，是世界上最具危险性的有害植物之一。

形态特征

多年生草质或木质藤本，茎细长，匍匐或缠绕攀缘，多分枝，被短柔毛或近无毛，幼时绿色，近圆柱形，老茎淡褐色，具多条肋纹。茎中部叶三角状卵形至卵形，基部心形，偶近戟形，先端渐尖，边缘具数个粗齿或浅波状圆锯齿，两面无毛，基出脉3～7条。

●防治方法

（1）营养生长期（6月至10月中旬）使用40%微草灵悬浮剂800～1 000倍液，开花繁殖期（10月下旬至11月下旬）喷施该药剂500～800倍液。

（2）喷施41%草甘膦异丙胺盐水剂200倍液，每年3～5次。

槲　蕨

- - - -

拉丁学名：*Drynaria fortune* Kze. J. Smith.

别　　名：骨碎补、猴姜、猢狲姜、石毛姜、过山龙、石岩姜、石良姜、毛姜、
申姜、毛贯仲、马溜姜、碎补、毛生姜、鸡姜

分类地位：水龙骨目（Polypodiales）蕨科（Pteridiaceae）槲蕨属（*Drynaria*）

寄主植物：多种古树

分布地区：全国各地

为害症状

附生于树干上，吸收寄主植物的营养，使寄主植物生长减弱。

形态特征

多年生附生草本，高 25 ～ 50 厘米。根状茎粗壮，长而横走，密被棕褐色鳞片。鳞片线状钻形，边缘有不广卵形，长 5 ～ 10 厘米，宽 3 ～ 6 厘米，先端急尖，基部长 40 厘米，宽 14 ～ 18 厘米，具有狭翅的柄。叶片羽状深裂，裂片 7 ～ 13 对，互生，阔披针形，长 7 ～ 9 厘米，宽 2 ～ 3 厘米，先端急尖或钝，下部羽片缩短，基部各羽片缩成耳状，厚纸质，绿色，无毛。叶脉明显，网状，粗而突起。孢子成熟期 10—11 月。

生活习性

附生于树上、山林石壁上或墙上。性喜温暖阴湿环境，其肥大的根状茎由于有营养叶加以覆盖，因而有较强的抗旱能力。

● 防治方法

人工割除后，对刮口处涂抹波尔多液保护。

贴生石韦

拉丁学名：*Pyrrosia adnascens*（Sw.）Ching

分类地位：水龙骨目（Polypodiales）水龙骨科（Polypodiaceae）石韦属（*Pyrrosia*）

寄主植物：多种古树

分布地区：云南、广西、广东、湖南、福建、台湾等省区

为害症状

附生于树干上，吸收寄主植物的营养，使寄主植物生长减弱。

形态特征

多年生草本。根状茎线状，长而横走，密被棕褐色的披针形鳞片。叶远生，二型。营养叶几无柄或有短柄，叶片椭圆形或矩圆形，长 2～5 厘米，宽 1～2 厘米，先端钝，基部楔形。孢子叶线状舌形，长 8～15 厘米，宽 5～8 毫米，其上部着生孢子囊，孢子囊群密集。叶革质，上面无毛，背面被星状毛。

生活习性

附生于海拔 100～1 300 米的树干或岩石上。

● 防治方法

人工割除后，对刮口处涂抹波尔多液保护。

合果芋

拉丁学名：*Syngonium podophyllum* Schott
别　　名：长柄合果芋、紫梗芋、剪叶芋、丝素藤、白蝴蝶、箭叶
分类地位：天南星目（Arales）天南星科（Araceae）合果芋属（*Syngonium*）
寄主植物：多种古树
分布地区：全国各地

为害症状

随植株攀附到树上，吸收寄主植物的营养，使寄主植物生长减弱。

形态特征

多年生蔓性常绿草本植物。叶片呈两形性，幼叶为单叶，箭形或戟形，老叶成 5 ~ 9 裂的掌状叶，中间一片叶大型，叶基裂片两侧常着生小型耳状叶片。初生叶色淡，老叶深绿色，且叶质加厚。当攀附到树上时，颜色就会变深变绿，叶的分裂也会随之增加，可以分裂到 7 ~ 8 片之多。在树干上新发出来的小叶，颜色不会发白，小叶分裂很多，而且在同一植株上，树干基部的合果芋叶片不分裂，树干中部的才开始分裂。这种同一植株上有不同叶形的现象，叫作异形叶性。

生活习性

对光照的适应性很强，较喜欢散光，长期处于光照不足的位置，叶片会疯狂生长，花纹也会很快褪去。不耐严寒，喜欢高温高湿、疏松肥沃、排水良好的微酸性土壤。

● 防治方法

人工割除后，对刮口处涂抹波尔多液保护。

络 石

● ● ● ● ●

拉丁学名： *Trachelospermum jasminoides*（Lindl.）Lem.

别　　名： 石龙藤、万字花、万字茉莉

分类地位： 龙胆目（Gentianales）夹竹桃科（Apocynaceae）络石属
（*Trachelospermum*）

寄主植物： 多种古树

分布地区： 山东、安徽、江苏、浙江、福建、台湾、江西、河北、河南、湖北、
湖南、广东、广西、云南、贵州、四川、陕西等省区

为害症状

常缠绕于树上或攀缘于山野、溪边、路旁、林缘的杂木林中。

形态特征

常绿木质藤本。茎圆柱形，赤褐色。叶革质或近革质，椭圆形至卵状椭圆形或宽倒卵形，叶面无毛。花多朵组成圆锥状，花白色，芳香，苞片及小苞片狭披针形，裂片线状披针形，花蕾顶端钝，花冠筒圆筒形。

生活习性

对气候的适应性强，能耐寒冷，亦耐暑热，但忌严寒。喜弱光，亦耐烈日高温。

● 防治方法

人工割除后，对刮口处涂抹波尔多液保护。

苎 麻

· · · ·

拉丁学名：*Boehmeria nivea*（L.）Gaudich.

别　　名：野麻、野苎麻、家麻、苎仔、青麻、白麻

分类地位：荨麻目（Urticales）荨麻科（Urticaceae）苎麻属（*Boehmeria*）

寄主植物：多种古树

分布地区：广东、福建、安徽（南部）等省

为害症状

寄生于寄主植物树干上，吸收寄主植物的营养，使寄主植物生长减弱。

形态特征

叶互生，草质，通常圆卵形或宽卵形，少数卵形，长 6～15 厘米，宽 4～11 厘米，顶端骤尖，基部近截形或宽楔形，边缘在基部之上有牙齿，上面稍粗糙，疏被短伏毛，下面密被雪白色毡毛，侧脉约 3 对；叶柄长 2.5～9.5 厘米；托叶分生，钻状披针形，长 7～11 毫米，背面被毛。圆锥花序腋生，或植株上部的为雌性，下部的为雄性，或同一植株的全为雌性，长 2～9 厘米；雄团伞花序直径 1～3 毫米，有少数雄花；雌团伞花序直径 0.5～2 毫米，有多数密集的雌花。雄花：花被片 4 枚，狭椭圆形，长约 1.5 毫米，合生至中部，

顶端急尖，外面有疏柔毛；雄蕊 4 枚，长约 2 毫米，花药长约 0.6 毫米；退化雌蕊狭倒卵球形，长约 0.7 毫米，顶端有短柱头。雌花：花被片椭圆形，长 0.6～1 毫米，顶端有 2～3 小齿，外面有短柔毛，果期菱状倒披针形，长 0.8～1.2 毫米；柱头丝形，长 0.5～0.6 毫米。瘦果近球形，长约 0.6 毫米，光滑，基部突缩成细柄。花期 8—10 月。

生活习性

生于海拔 200～1 700 米的山谷林边或草坡。

●防治方法

人工割除后，对刮口处涂抹波尔多液保护。

害虫

刺吸类害虫

樟颈曼盲蝽

拉丁学名：*Mansoniella cinnamomi*（Zheng et Liu）
分类地位：半翅目（Hemiptera）盲蝽科（Miridae）曼盲蝽属（*Mansoniella*）
寄主植物：樟树
分布地区：全国各地

为害症状

以成虫和若虫在叶背刺吸为害，受害叶片两面形成不规则形褐色斑，少部分叶背有黑色的点状分泌物。为害严重可导致大量落叶，甚至整个枝条的叶落光成秃枝，不再抽秋梢，生长差的甚至10月发不出新叶。为害程度中等的，秋梢萌发不整齐，抽出的枝条纤细，叶片较小，严重影响寄主光合作用，导致樟树生长衰弱。

形态特征

（1）成虫 长椭圆形，有明显光泽。雌雄非常相似，雄成虫略小。头黄褐色，头顶中部有一隐约的浅红色横带，前端中央有一黑色大斑。复眼发达，黑色。颈黑褐色。喙淡黄褐色，末端黑褐色，被淡色毛。触角珊瑚色。

（2）卵 产于叶柄、叶主脉及嫩梢皮层内，乳白色，光亮，半透明，长茄状，略弯。

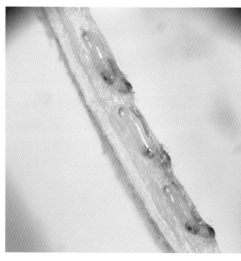 

（3）**若虫** 共 5 龄，半透明，光亮，1 龄若虫浅黄色，2～3 龄若虫浅黄绿色，4～5 龄若虫浅绿色，长型。5 龄若虫头黄褐色，前端中央大斑乳白色，中间有一隐约的浅红色横带；颈背部有翠绿色斑纹，两侧为褐色；前胸背板乳白色，前部略弥漫珊瑚红色、有翠绿色斑纹；小盾片明显，乳白色；翅芽向后深达腹中部。

发生规律

以卵在叶柄、叶主脉及嫩梢皮层内越冬。翌年 4 月下旬至 5 月上旬越冬卵开始孵化，孵化高峰期在 5 月中下旬；6 月上旬为越冬代成虫羽化高峰期。各世代明显重叠。卵多产于叶柄背面，若虫爬行迅速，一般栖息在叶背吸食汁液。

●**防治方法**

（1）应加强肥水管理，提高抗虫力，减少落叶，降低为害。遇天气干旱的年份，8—10 月加强肥水管理尤为重要。

（2）保护螳螂、花蝽、瓢虫、草蛉等天敌，以发挥自然控制作用。

（3）利用黄色频振式杀虫灯或黄色杀虫板进行诱杀。

（4）因该虫世代重叠而且卵体在组织内，不易彻底防治，因此重点防治应在第 1～2 代若虫期、成虫期，可喷施 1.5% 吡虫啉可湿性粉剂 1 000～1 500 倍液、2.25% 敌杀死（溴氰菊酯）乳油 1 500 倍液、0.5% 苦参碱水剂 800～1 000 倍液。

樟脊冠网蝽

· · · · · ·

拉丁学名：*Stephanitis macaona* Drake
别　　名：樟脊网蝽
分类地位：半翅目（Hemiptera）网蝽科（Tingidae）网蝽属（*Stephanitis*）
寄主植物：樟树、油梨等植物
分布地区：华南、华中、华东等地区

为害症状

　　成虫、若虫群集叶背刺吸为害，主要为害中、下部叶片，被害叶正面呈浅黄白色小点或苍白色斑块，反面为褐色小点或锈色斑块，同时可以诱发煤烟病。发生严重时，全株叶片失绿、枯黄、苍白焦枯，甚至树叶全部落光。

形态特征

　　（1）成虫　长 3.5～3.8 毫米，宽 1.6～1.9 毫米，体扁平，椭圆形，茶褐色。头小，复眼黑色，单眼较大。触角稍长于身体，黄白色。头卵形，网膜状，其前端较锐。前胸背板后部平坦，褐色，密被白色蜡粉。侧背板白色网膜状，向上极度延展。中脊呈膜状隆起，延伸至三角突末端。三角突白色网状。前翅膜质网状，白色透明，有光泽，前缘有许多颗粒状突起，中部稍凹陷，翅中部稍前和近末端各有一褐色横斑，翅末端钝圆。足淡黄色，跗节浅褐色，臭腺孔开口于前胸侧板的前缘角上。胸部腹板中央有一长方形薄片状的突环。雌成虫腹末尖，黑色。

　　（2）卵　长 0.32～0.36 毫米，宽 0.17～0.20 毫米，茄形，初产时乳白色，后期淡黄色。

　　（3）若虫　共 5 龄。1 龄若虫椭圆形，初时乳白色，取食后为淡黄色，腹背暗绿色，各足基节黑色，头部前端具长刺 3 枚，呈三角形排列，头顶两侧及前、中胸侧角上各有长刺 1 枚，中胸背板上有短刺 2 枚，腹部背板上有短刺 4 枚，两侧缘各具长刺 6 枚。2 龄若虫腹部两侧缘的长刺变为枝刺。3 龄若虫体稍平扁，黄褐色，腹部墨绿色，触角第 3 节端部膨大，第 4 节略呈纺锤形，前翅芽达第 2 腹节前缘；体上各刺均成枝刺。4 龄若虫黄褐色，翅芽和腹部墨绿色，触角第 3～4 节端部稍膨大，前胸背板后缘中部稍向后延，延伸部分的中央两侧各具白色短刺 1 枚，翅芽达第 3 腹节中部。5 龄若虫触角第 2 节极短，近圆形，第 3～4 节端部不膨大，

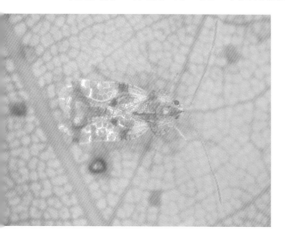

前胸背板中央两侧各具长刺 1 枚。

发生规律

一年发生 4 ～ 5 代，以卵在寄主叶片组织内越冬，第 1 代若虫于 4 月中下旬孵出。成虫和若虫喜荫蔽，不甚活泼。卵成行产于叶背主脉和第 1 分脉两侧的组织内，散产，上覆灰褐色胶质或褐色排泄物。

●**防治方法**

大发生时喷施 10% 吡虫啉可湿性粉剂 2 000 倍液或 25% 除尽悬浮剂 1 000 倍液等无毒、低毒内吸性药剂。

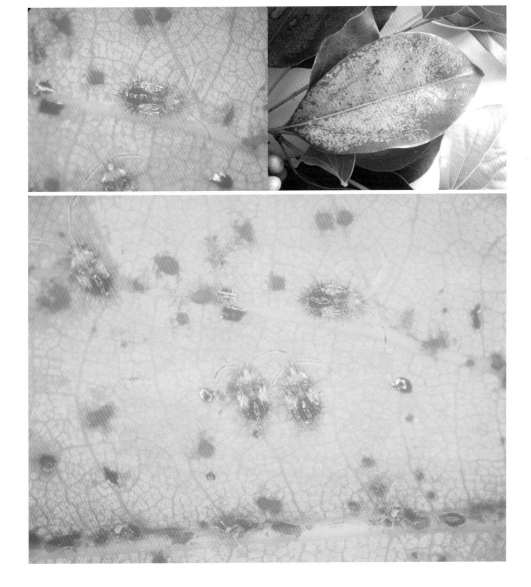

大皱蝽

拉丁学名：*Cyclopelta obscura*（Lepeletier & Serville）

分类地位：半翅目（Hemiptera）兜蝽科（Dinidoridae）皱蝽属（*Cyclopelta*）

寄主植物：樟树、肉桂、刺槐、紫荆等植物

分布地区：四川、贵州、广东、广西、云南等省区

为害症状

成虫和若虫群集在寄主嫩枝或嫩茎上刺吸寄主汁液，影响寄主植物的生长发育，被害寄主植物生长缓慢，叶片褪绿、黄化，枝条较短，甚至整株枯死。

形态特征

（1）**成虫** 体长 11～14 毫米，椭圆形，黑褐色或稍呈微红色，无光泽。前胸背板后半部有明显的平行横皱，体背其余部分较粗糙。小盾片前缘呈弧形，末端圆而长，基部中央有一黄白色、近三角形小斑，末端有时有 1 个黄白色小斑点。腹部背面红棕色，侧接缘黑色，每节中央有黄色小点，后角有小颗粒状突起。腹部腹面色较淡，具有不规则的黑斑块。

（2）**卵** 灰黄白色，卵盖不明显，近长方形，周缘色较深，两端有不明显的小刺和颗粒，表面有突起的网纹和微粒。

（3）**若虫** 共5龄，形态及斑纹陆续变化。1龄若虫洋梨形，触角、复眼、足、胸部均为黄褐色，腹部淡黄色，背面有7个黄褐色至深灰褐色横形长斑，其中第4、第5横斑最大，腹侧缘有黄褐色至深褐色斑，腹末色深。2龄若虫洋梨形，色泽及斑纹与1龄若虫相似，但腹侧缘斑块间的距离比1龄若虫大。3龄若虫洋梨形，头、复眼、胸部及足均为深褐色或黑褐色，前胸背板黄褐色相间，在中线两侧各有一深色纵带；腹部背面第7个斑分裂为2个斑，腹侧缘的斑点为黄褐色各半，具有边缘为深褐色的半圆形斑。4龄若虫体开始变得扁平，黄色至褐色，胸部背面具两条黑褐色纵带，前胸背板的胝显现，中胸侧角向后延伸成翅芽，腹部两侧各有一深色纵带，腹背臭腺孔明显。5龄若虫雌雄性征明显，前胸背板上有两个小黑斑，胸部背面横皱明显，小盾片开始形成，两侧黑色，翅芽伸达第3腹节。

发生规律

以成虫越冬，越冬成虫于3月下旬开始活动，陆续转移到寄主植物枝茎上吸食为害。成虫有一定的飞翔能力。卵产于较幼嫩的枝、茎上，常以数十粒至数百粒组成大小不等的卵块，卵块上的卵多排成若干纵行。成虫和若虫群聚，常常以数头、数十头，甚至数百头互相拥挤在一起，群集的成虫和若虫在受惊分散后，不久又会陆续群聚。

●**防治方法**————————————————————————————

（1）为害不严重时可通过清除寄主植物周围杂草和枯枝落叶消灭越冬幼虫。

（2）发生严重时，可在成虫期喷施100亿孢子/克白僵菌500倍液、25%噻虫嗪水分散粒剂4 000倍液或10%吡虫啉可湿性粉剂2 000倍液。

麻皮蝽

• • • • •

拉丁学名：*Erthesina fullo*（Thunberg）

别　　名：黄斑蝽、麻蝽象、麻纹蝽

分类地位：半翅目（Hemiptera）蝽科（Pentatomidae）黑蝽属（*Erthesina*）

寄主植物：樟树、油茶、苹果、枣、沙果、李、山楂、梅、桃、杏、石榴、柿、海棠、板栗、龙眼、柑橘、杨、柳、榆等植物

分布地区：全国各地

为害症状

以成虫和若虫刺吸枝干、茎、叶及果实汁液，枝干出现干枯枝条；茎、叶受害出现黄褐色斑点，严重时叶片提前脱落；果实被害后，出现畸形，被害部位常

木栓化。

形态特征

（1）**成虫** 体长 20～25 毫米，较宽大，黑褐色，密布黑色刻点及细碎不规则黄斑。头部狭长，前端至小盾片中央有 1 条黄色细中纵线。前胸背板前缘及前侧缘具黄色窄边，前侧缘前半部锯齿状侧角，三角形，略突出。胸部腹板黄白色，密布黑色刻点。臭腺沟香蕉状。腹面中央具 1 条纵沟，长达第 5 腹节；腹部各节侧接缘中间具一小黄斑。

（2）**卵** 长圆形，光亮，淡绿色至深黄白色，顶部中央多数有颗粒状小突起 1 枚。

（3）**若虫** 体扁，有白色粉末。触角 4 节，黑褐色，节间黄红色。侧缘具浅黄色狭边，第 3～6 腹节间各有黑色斑 1 个。

发生规律

以成虫在枯枝落叶下、草丛中、树皮裂缝、梯田堰坝缝、围墙缝等处越冬。成虫飞翔力强，喜于树体上部栖息为害，具假死性，受惊扰时会喷射臭液。早晚低温时常假死坠地，正午高温时则逃飞，有弱趋光性和群集性。5—7 月产卵于叶背，块状，每块约 12 粒，排成 4 行。1 龄若虫围在卵块周围，2～3 龄分散活动。

●**防治方法**

（1）成虫期，特别是秋季，人工捕杀飞入室内寻找越冬场所的成虫。

（2）成虫期、若虫期向树冠喷施 25% 阿克泰水分散粒剂 5 000 倍液。

茶翅蝽

• • • • •

拉丁学名：*Halyomorpha halys*（Stål）
别　　名：臭蝽象、臭板虫、臭妮子、臭大姐、梨蝽象等
分类地位：半翅目（Hemiptera）蝽科（Pentatomidae）茶翅蝽属（*Halyomorpha*）
寄主植物：樟树、油茶、茶、梨、泡桐、丁香、榆、海棠、桑、樱花等300多种
　　　　　植物
分布地区：全国各地

为害症状

　　成虫和若虫以其刺吸式口器刺入果实、枝条和嫩叶吸取汁液，受害后叶片变黄脱落、枝条干枯，直至枯死。同时，因刺吸造成的伤口易被病菌侵染，而且在刺吸的同时可传播病毒。

形态特征

　　（1）成虫　体长约15毫米，身体扁平，略呈椭圆形，前胸背板前缘具4个黄褐色小斑点，呈一横列排列，小盾片基部大部分个体均具5个淡黄色斑点，其中位于两端角处的2个较大。不同个体体色差异较大，茶褐色、淡褐色或灰褐色中略带红色，具有黄色的深刻点或金绿色闪光的刻点，或体略具紫绿色光泽。

　　（2）卵　短圆筒形，顶端平坦，中央略鼓，周缘生短小刺毛，淡绿色或白色。

　　（3）若虫　共5龄。1龄若虫淡黄色，头部黑色。2龄若虫淡褐色，头部黑褐色，腹背面出现2个臭腺孔。3龄若虫棕褐色。4龄若虫茶褐色，翅芽达到腹部第3节。5龄若虫腹部呈茶褐色。

发生规律

　　我国南方地区一年发生5～6代，北方则发生1～2代。以成虫在屋檐下、窗缝、墙缝、草丛、草堆等处越冬，翌年5月上旬成虫开始活动，刺吸寄主植物汁液。卵产于

叶背，呈块状。初孵若虫聚集在卵壳上或其附近，静伏 1～2 天后分散为害。

● 防治方法

（1）利用该虫聚集越冬的习性，集中诱杀越冬成虫。

（2）保护自然天敌，小花蝽和草蛉幼虫取食茶翅蝽的卵，三突花蛛捕食茶翅蝽成虫、若虫，茶翅蝽沟卵蜂、平腹小蜂、黄足沟卵蜂寄生茶翅蝽卵。

（3）卵孵化期、低龄若虫期或成虫大发生期喷施拟除虫菊酯和新烟碱类等高效低残留的广谱性杀虫剂，如 25% 噻虫嗪水分散粒剂 4 000 倍液、3% 高渗苯氧威乳油 3 000 倍液或 1.8% 阿维菌素乳油 4 000 倍液，连续防治 2 次。

双峰豆龟蝽

拉丁学名：*Megacopta bituminata*（Montandon）
分类地位：半翅目（Hemiptera）龟蝽科（Plataspidae）豆龟蝽属（*Megacopta*）
寄主植物：樟树、肉桂等植物
分布地区：广东、重庆等省市

为害症状

成虫和若虫刺吸寄主植物嫩枝和嫩叶汁液，致使嫩枝和嫩叶变黑，嫩芽枯萎等。

形态特征

成虫近圆形，背面突起，黑色，有金属光泽，鞘翅侧缘有一黄边。

发生规律

不详。

● 防治方法

少量发生，不用防治。

荔蝽

拉丁学名：*Tessaratoma papillosa*（Drury）
别　　名：荔枝蝽、臭屁虫、石背
分类地位：半翅目（Hemiptera）荔蝽科（Pentatomidae）荔蝽属（*Tessaratoma*）
寄主植物：樟树、肉桂，以及荔枝、龙眼等无患子科植物

分布地区：福建、台湾、广东、广西、云南等省区

为害症状

成虫、若虫刺吸嫩枝、花穗、幼果汁液，导致落花落果。其分泌的臭液触及花蕊、嫩叶及幼果等可导致接触部位枯死，大发生时严重影响产量。

形态特征

（1）**成虫** 体长 24～28 毫米，盾形，黄褐色，胸部腹面被白色蜡粉。腹部背面红色，雌成虫腹部第 7 节腹面中央有一纵缝而分成两片。

（2）**卵** 近圆球形，初产时淡绿色，少数淡黄色，近孵化时紫红色，常 14 粒卵相聚成块。

（3）**若虫** 共 5 龄。长椭圆形，体红色至深蓝色，腹部中央及外缘深蓝色，臭腺开口于腹部背面。2 龄若虫体长约 8 毫米，橙红色；头部、触角及前胸、腹部背面外缘为深蓝色；腹部背面有深蓝色纹 2 条，自末节中央分别向外斜向前方；后胸背板外缘伸长达体侧。3 龄若虫体长 10～12 毫米，色泽略同 2 龄，后胸外缘为中胸及腹

部第 1 节外缘所包围。4 龄若虫体长 14～16 毫米，色泽同前，中胸背板两侧翅芽明显，其长度伸达后胸后缘。5 龄若虫体长 18～20 毫米，色泽略浅，中胸背面两侧翅芽伸达第 3 腹节中间；第 1 腹节甚退化。将羽化时，全体被白色蜡粉。

发生规律

一年发生 1 代，以成虫在浓郁的叶丛或老叶背面等隐蔽场所越冬。翌年 2—3 月恢复活动，4—5 月为产卵盛期，产卵于叶背。5—6 月若虫盛发为害。若虫和成虫具假死性，如遇惊扰，常排出臭液自卫，触及嫩梢、幼果局部会变焦褐色。

● 防治方法

（1）捕杀越冬成虫，采摘卵块及扑灭若虫。

（2）利用平腹小蜂防治荔蝽的方法在广东、福建已推广应用。

（3）发生严重时喷施 25% 噻虫嗪水分散粒剂 4 000 倍液。

泛光红椿

- - - - - -

拉丁学名：*Dindymus rubiginosus*（Fabricius）

分类地位：半翅目（Hemiptera）红蝽科（Pyrrhocoridae）光红椿属（*Dindymus*）

寄主植物：樟树、棉花等植物

分布地区：广东、广西、云南、西藏、海南等省区

为害症状

若虫和成虫在叶背刺吸为害，受害后叶片两面形成褐色斑，少部分叶背有黑色的点状分泌物，造成大量落叶。

形态特征

成虫长椭圆形，淡红色，前翅膜片内角具一斑点，中部具一大斑。小盾片大部分及革片前缘较光滑，革片顶角显著延伸，较窄长，其内侧具细密刻点。腹部腹面近末端中央有不规则黑斑纹。

发生规律

不详。

031

●防治方法————————————

发生严重时喷施 1% 印棟素水剂 7 000 倍液。

点蜂缘蝽

· · · · ·

拉丁学名：*Riptortus pedestris*（Fabricius）

别　　名：白条蜂缘蝽、豆缘蝽象

分类地位：半翅目（Hemiptera）缘蝽科（Coreidae）蜂缘蝽属（*Riptortus*）

寄主植物：樟树、肉桂、刺槐、桑树等植物

分布地区：广东、浙江、江苏、江西、安徽、福建、湖北、四川、河南、河北、
　　　　　云南、西藏、台湾等省区

为害症状

　　用刺吸式口器刺入新梢和幼嫩叶片组织内吸食汁液，被吸食的新梢变形，生长发育停止或减慢。幼嫩叶片被刺吸后，叶片不能顺利开展，卷曲发黄，后期叶片黄化脱落。

形态特征

　　（1）成虫　体长 15 ～ 17 毫米，宽 3.6 ～ 4.5 毫米，狭长，黄棕色至黑褐色，头部和胸部两侧有黄色光滑斑纹，呈斑状，有时完全消失，前胸背板和胸部侧板有很多不规则的黑色颗粒状突起。前胸背板前缘具领，后缘具两个弯曲，侧角刺状。前翅膜片淡棕褐色，稍长于腹末。腹部侧接缘稍外露，黄黑色相间。后足腿

节粗大，有黄斑，腹面具 4 个较长的刺和几个小齿。腹下散生许多不规则的小黑点。

（2）**卵** 长约 1.3 毫米，宽约 1 毫米，半卵圆形，附着面弧状，上面平坦，中间有 1 条不太明显的横形带脊。

（3）**若虫** 1 ～ 4 龄若虫体似蚂蚁；5 龄体似成虫，仅翅较短；暗灰褐色。

发生规律

以成虫在枯枝落叶和草丛中越冬。一年发生 2 ～ 3 代，翌年 3 月下旬开始活动，4 月下旬至 6 月上旬产卵。白天若虫极为活泼，爬行迅速，成虫受惊扰时立即起飞，早晨和傍晚稍迟钝，阳光强烈时多栖息于寄主叶背。成虫于 10 月下旬至翌年 1 月下旬陆续越冬。

●防治方法

（1）冬季结合积肥清除田间枯枝落叶及杂草，及时堆沤或焚烧，可消灭部分越冬成虫。

（2）捕食性天敌球腹蛛、长螳螂和蜻蜓，以及寄生性天敌黑卵蜂等对控制点蜂缘蝽的发生起着重要作用，应注意保护利用这些天敌。

（3）成虫、若虫为害期喷雾防治，药剂可选用 10% 吡虫啉可湿性粉剂 2 000 倍液、25% 阿克泰水分散粒剂 5 000 倍液。

黄胫侎缘蝽

· · · · · · ·

拉丁学名：*Mictis serina* Dallas
分类地位：半翅目（Hemiptera）缘蝽科（Coreidae）侎缘蝽属（*Mictis*）
寄主植物：樟树、肉桂、楠木、茶、油茶等植物
分布地区：浙江、江西、四川、湖南、福建、广东、广西等省区

为害症状

成虫和若虫刺吸寄主植物嫩枝和嫩叶汁液，致使嫩枝和嫩叶变黑，嫩芽枯萎等。该虫为枝枯病的重要媒介昆虫，其取食易造成枝枯病病原菌侵染和传播，致使整株枝梢枯死，甚至造成树木成片死亡。

形态特征

（1）**成虫** 体黑褐色至棕色，触角 4 节，褐色，末节黄褐色或橙色。前胸中央有一纵向黑褐色细刻纹，侧角稍向外扩展，并微上翘。小盾片三角形，两侧角处具小凹陷，末端有一淡黄色长形小斑。前翅膜质，深褐色，长及腹末。足细长，各足腿节呈棒状、黑褐色，后足腿节长于胫节，末端内侧有一三角形刺突，各足胫节乌黄色。

（2）**卵** 椭圆形，褐色，被一层灰色粉状物。

（3）**若虫** 共5龄。1龄若虫长椭圆形，淡黄褐色，触角比体长，基部3节有毛，第4节端部色淡。2龄若虫腹部宽圆，呈球形。随着虫龄增加，体形不断增大。

发生规律

以成虫在枯枝落叶下越冬，翌年4月下旬开始交尾、产卵。主要产卵于叶片背面的主脉上，呈链状排列，一般为7～16粒排列。若虫和成虫刺吸未木质化的嫩芽和嫩梢汁液，日照强烈时常隐藏于叶下。1～3龄若虫活动能力较弱，日活动范围较小，仅转梢为害2～3次，取食部位较稳定。高龄若虫和成虫活动能力强，取食量增加，每天为害3～6条嫩梢，早晚温度低时反应稍迟钝。成虫主要为害一芽二三叶的嫩梢，口针刺入嫩茎吸取汁液，1～2小时后被刺吸处以上的嫩梢开始枯萎，半天后嫩梢开始下垂，1～2天后嫩梢开始枯焦，数天后即呈严重枯焦状。

●**防治方法**

（1）晚秋用废纸箱等材料折成有裂缝的诱集板放在林中，黄胫佀缘蝽等会爬入缝中越冬，早春萌动前将害虫除去。

（2）用糖醋液进行诱杀。

（3）若虫严重发生期，喷施25%阿克泰水分散粒剂5 000倍液或10%吡虫啉可湿性粉剂2 000倍液。

木叶蝉

拉丁学名：*Phlogotettix* sp.

分类地位：半翅目（Hemiptera）叶蝉科（Cicadellidae）木叶蝉属（*Phlogotettix*）

寄主植物：樟树及小型灌木

分布地区：广东、云南等省

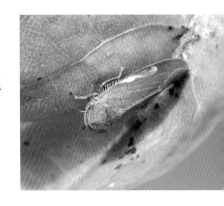

为害症状

成虫和若虫刺吸寄主植物汁液，叶片被害后出现淡白点，而后点连成片，致全叶苍白枯死。

形态特征

成虫体小型，翅脉简单，多为褐色。

发生规律

不详。

●防治方法

偶见，无须防治。

035

黑缘角胸叶蝉

拉丁学名：*Tituria planata* Fabricius

分类地位：半翅目（Hemiptera）叶蝉科（Cicadellidae）角胸叶蝉属（*Tituria*）

寄主植物：樟树等植物

分布地区：广东、台湾等省

为害症状

取食和产卵时刺伤寄主茎叶，破坏输导组织，受害处呈现棕褐色条斑，致植株发黄或枯死。

形态特征

成虫头至翅端长 16 ～ 19 毫米，体色翠绿；前胸背板外缘呈锐角状外突，角突下缘黑褐色，棱边呈黑细线。近似种角胸叶蝉（*T. angulata*）的角突较小，呈直角或钝角，体形较小。

发生规律

不详。

●防治方法

偶见，无须防治。

八点广翅蜡蝉

拉丁学名：*Ricania speculum* Walker
别　　名：八点蜡蝉、八点光蝉、橘八点光蝉、咖啡黑褐蛾蜡蝉、黑羽衣
分类地位：半翅目（Hemiptera）广翅蜡蝉科（Ricanidae）广翅蜡蝉属（*Ricania*）
寄主植物：樟树、黄槿、油茶、银叶树、秋茄、桐花、白骨壤等多种植物
分布地区：全国各地

为害症状

以成虫、若虫群集在嫩梢、叶背和嫩芽上吸食汁液造成为害。雌成虫产卵时破坏寄主茎叶组织导致枝条枯死，影响新嫩梢的抽发，若虫排泄物诱发煤烟病。

形态特征

（1）成虫　体长 11.5 ～ 13.5 毫米，翅展 23.5 ～ 26 毫米，黑褐色，疏被白蜡粉。触角刚毛状，短小。单眼 2 个，红色。翅革质，密布纵横脉，呈网状。前翅宽大，略呈三角形，翅面被稀薄白色蜡粉，翅上有 6 ～ 7 个白色透明斑；后翅半透明，翅脉黑色，中室端有一小白色透明斑，外缘前半部有 1 列半圆形小的白色透明斑，分布于脉间。腹部和足褐色。

（2）卵　长 1.2 毫米，长卵形，卵顶具一圆形小突起，初为乳白色，渐变为淡黄色。

（3）若虫　1 ～ 2 龄若虫乳白色，后胸背面紫红色，胸部背板可见 3 条纵隆线，腹末蜡丝 10 束，稀疏，纯白，可覆盖全身。3 龄若虫体呈浅绿色，胸部背板上 3 条纵隆线微带褐色，后胸后缘两侧角及中部隆起处为浅紫色，蜡丝灰白色相间有 3 段褐色紫斑。4 ～ 5 龄若虫体呈褐色至茶绿色（除头部和前胸背板及中脊部浅绿色外，其余茶褐色），10 束蜡丝灰白色与褐色相间 5 段褐紫色斑，浓密覆盖虫体全身，散开如孔雀开屏。

036

发生规律

以第 2 代未成熟的成虫在枝条丛、枯枝落叶或土缝中越冬，部分以卵越冬。成虫 4 月上旬开始活动并产卵，5 月上旬开始陆续孵化。若虫白天活动为害。低龄若虫有群集性，常数十头群集于嫩枝、嫩叶上为害。4 龄若虫开始分散吸汁，随着龄期增大，为害加重，分泌物增多，导致煤烟病发生。若虫爬行迅速，善弹跳。成虫飞行能力较强且迅速，产卵于当年生枝木质部内。

●防治方法

（1）人工捕捉成虫，或利用成虫具趋黄色的习性，在成虫发生期，每隔20米悬挂 1 块黄色粘虫板。

（2）主要天敌有草蛉（*Chrysopa* sp.）、大腹园蛛（*Araneus ventricosus*）、异色瓢虫（*Leis axyridis*）等。

（3）初冬向植物喷施 3～5 波美度石硫合剂，杀灭越冬卵。若虫群集为害期，喷施 10% 吡虫啉可湿性粉剂 2 000 倍液、20% 啶虫脒可溶性粉剂 2 500～3 500 倍液、1% 甲氨基阿维菌素苯甲酸盐乳油 3 000～4 000 倍液，交替使用。

缘纹广翅蜡蝉

· · · · · · · · ·

拉丁学名：*Ricania marginalis*（Walker）

别　　名：茶褐广翅蛾蜡蝉

分类地位：半翅目（Hemiptera）广翅蜡蝉科（Ricaniidae）广翅蜡蝉属（*Ricania*）

寄主植物：油茶、茶、小叶黄杨、连翘、卫矛、桑、朴树、桃、咖啡、樟树、柑橘等植物

分布地区：浙江、湖北、重庆、广东及华北等地区

为害症状

　　成虫、若虫刺吸为害夏秋季嫩梢，并刺裂枝梢皮层产卵，导致芽梢枯竭。

形态特征

　　（1）成虫　体长 6.5～8.0 毫米，翅展 19～23 毫米，体褐色至深褐色，有的个体很浅，近黄褐色，中胸背片色最深，近黑褐色。前翅深褐色，后缘颜色稍浅，前缘外方 1/3 处有一三角形大透明斑，其内下方有一近圆形透明斑，此斑的内方还有一黑褐色圆形小斑；外缘有一大一小两个不规则透明斑，后斑较小，斑纹常散成多个；沿外缘还有一列很小的透明小斑点；翅面散布白色蜡粉。后翅黑褐色，半透明。

　　（2）卵　麦粒状。

　　（3）若虫　体灰色，扁平，腹背有许多直立而左右对称的白色蜡柱。

发生规律

　　一年发生 1～2 代，多以卵在嫩梢内越冬，少数以成虫在寄主丛中越冬。春季越冬卵孵出若虫刺吸为害芽梢，并分泌蜡丝。6—7 月间成虫盛发，在寄主丛间飞动活跃，刺吸为害夏秋季嫩梢，并刺裂枝梢皮层产卵导致芽梢枯竭。

●防治方法

　　同八点广翅蜡蝉防治。

琼边广翅蜡蝉

· · · · · · · · · ·

拉丁学名：*Ricania flabellum* Noualhier

分类地位：半翅目（Hemiptera）广翅蜡蝉科（Ricaniidae）广翅蜡蝉属（*Ricania*）

寄主植物：樟树、甘蔗

分布地区：广东、台湾

为害症状

成虫、若虫吸食枝条和嫩梢汁液，使其生长不良，叶片萎缩而弯曲；排泄物可诱致煤烟病发生。

形态特征

成虫头胸腹均为深褐色。前翅浅黄褐色，前缘约 1/2 处有一三角形浅色斑，其外方还有一新月形浅色斑，两色斑均不甚清晰；翅近中部有 1 条隐约可见的"<"形浅纹，其外下方还有 1 个不太清楚的深色直横纹；近顶角处有 1 近圆形褐色小斑点，十分清楚。后翅淡黄褐色。

发生规律

不详。

039

●防治方法

同八点广翅蜡蝉防治。

丽纹广翅蜡蝉

● ● ● ● ● ● ● ●

拉丁学名：*Ricania pulverosa* Stål

别　　名：粉黛广翅蜡蝉

分类地位：半翅目（Hemiptera）广翅蜡蝉科（Ricaniidae）广翅蜡蝉属（*Ricania*）

寄主植物：樟树、油茶、茶、可可、咖啡、油梨、野牡丹等植物

分布地区：浙江、福建、广东、台湾等省

为害症状

成虫、若虫喜食嫩枝和芽，被刺吸的嫩芽和芽变黑枯萎致死。

形态特征

成虫体长 5 ~ 7 毫米，翅展 16 ~ 22 毫米。头黑褐色，额侧缘各有 2 个黄褐色长条斑，近唇基处黄褐色；颊在单眼处和复眼的上方、前方各有一黄褐色小斑；前胸、中胸黑褐色，后胸黄褐色，腹部基节背面黄褐色，其余各节黑褐色。前翅烟褐色，前缘域色稍深；近顶角处有 2 个隆起的斑点；前缘外方 2/5 处有一黄褐色半圆形至三角形斑，被褐色横纹分隔成 2 ~ 4 个小室，此斑沿前缘到翅基部有十余条黄褐色斜纹；翅近后缘的中域有黄褐色网状细横纹。后翅黑褐色，半透明，前缘基部色浅。

发生规律

成虫出现于 4—7 月，生活在低、中海拔山区。

● 防治方法

同八点广翅蜡蝉防治。

龙眼鸡

· · · · ·

拉丁学名：*Fulgora candelaria*（Linnaeus）

别　　名：黄虫、长鼻子、龙眼桴鸡、龙眼蜡蝉

分类地位：半翅目（Hemiptera）蜡蝉科（Fulgoridae）蜡蝉属（*Fulgora*）

寄主植物：樟树、龙眼、荔枝、橄榄、柑橘、黄皮、乌桕、桑、臭椿、杧果、梨、
　　　　　李、可可等植物

分布地区：我国南方各省区

为害症状

成虫、若虫以口针从树缝插入树干和枝梢皮层吸食汁液，被刺吸后皮层渐次
出现小黑点，使枝条干枯、树势衰弱；其排泄物还可诱发煤烟病。

形态特征

（1）成虫　体长（头突至腹末）37～42毫米，翅展68～79毫米，体色艳
丽。头额延伸如长鼻，额突背面红褐色，腹面黄色，散布许多白点。复眼大，暗
褐色；单眼1对，红色，位于复眼正下方。触角短，柄节圆柱形，梗节膨大如
球，鞭节刚毛状，暗褐色。胸部红褐色，有零星小白点；前胸背板具中脊，中域
有2个明显的凹斑，两侧前沿略呈黑色；中胸背板色较深，有3条纵脊。前翅绿
色，外半部约有14个圆形黄斑，翅基部有1条黄赭色横带，近1/3至中部处有2

条交叉的黄赭色横带，有时中断；这些圆斑和横带的边缘常围有白色蜡粉。后翅橙黄色，顶角黑褐色。足黄褐色，但前、中足的胫、跗节黑褐色。腹部背面橘黄色，腹面黑褐色，被有蜡质白粉，各节后缘为黄色狭带，腹末肛管黑褐色。

（2）卵　近白色，将孵化时为灰黑色，倒桶形，长 2.5～2.6 毫米，背面中央有纵脊，前端有一锥形突起，有椭圆形的卵盖。60～100 粒集聚排列成长方形卵块，卵粒间由胶质物粘连，卵块上被白色蜡粉。

（3）**若虫**　初龄若虫体长约 4.2 毫米，酒瓶状，黑色头部略呈长方形，前缘稍凹陷，背面中央具一纵脊，两侧从前缘至复眼有弧形脊；中脊两侧至弧形脊间分泌有一点点白蜡，或相连成片，胸部背板有 3 条纵脊和许多白蜡点，腹部两侧浅黄色，中间黑色。

发生规律

广东一年发生 1 代，以成虫在树枝主干越冬。成虫刚开始活动时，大多出现在树干的下部，以后随取食移动而向上爬行，4 月开始较为活跃。卵多产于寄主植物树枝干上，雌成虫在卵块表面上下爬行数次，同时把腹部分泌的白蜡粉涂于卵块上。若虫期约 4 龄，初孵若虫体白色，转移至枝干后变为灰色，再转深变为黑色，此后虫体活跃，四处扩散，大部分向上爬动，善跳跃。

O42

●**防治方法**

龙眼鸡在樟树上为偶发，不用防治。

褐缘蛾蜡蝉

拉丁学名：*Salurnis marginella*（Guérin）
别　　名：青蛾蜡蝉、青蜡蝉、褐边蛾蜡蝉
分类地位：半翅目（Hemiptera）蛾蜡蝉科（Flatidae）缘蛾蜡蝉属（*Salurnis*）
寄主植物：樟树、油茶、茶、柑橘、咖啡、梨、荔枝、龙眼、杧果、油梨、迎春花等植物
分布地区：广西、广东、安徽、江苏、浙江、四川等省区

为害症状

以成虫、若虫在幼嫩枝梢上吸食汁液，发生严重时导致树势衰弱，枝条干枯死亡；其排泄物均可诱发烟煤病。

形态特征

（1）**成虫**　体长7毫米。前翅绿色或黄绿色，翅外缘褐色，体被白色蜡粉；在爪片端部有一显著的马蹄形褐斑，斑的中央灰褐色；翅脉网状，网关脉纹明显隆起；翅顶角圆突。后翅缘白色，边缘完整。

（2）**卵**　淡绿色，短香蕉状。

（3）**若虫**　绿色，胸背无蜡絮，有4条红褐色纵纹，腹背布白色蜡絮，腹末有2束白绢状长蜡丝。

发生规律

一年发生1代，以卵越冬。卵多产在树枝梢皮层下，也可产在叶柄、叶背主脉的组织中，产卵处外表可见有少数白色绵状物。成虫喜潮湿畏阳光，若虫喜群栖在上部枝条上为害，栖息被害处覆有白色绵状物，目标明显，较易发现。主要为害时期在5—6月。

● 防治方法

（1）成虫、若虫盛发期，用脸盆装水加少许洗衣粉，放在寄主植物树下，摇荡树木捕杀。

（2）冬初向寄主植物喷施3～5波美度石硫合剂灭杀越冬卵。

（3）若虫聚集期喷施10%吡虫啉可湿性粉剂2 000倍液或25%噻虫嗪水分散粒剂4 000倍液。

锈涩蛾蜡蝉

· · · · · ·

拉丁学名：*Seliza ferruginea* Walker

分类地位：半翅目（Hemiptera）蛾蜡蝉科（Flatidae）涩蛾蜡蝉属（*Seliza*）

寄主植物：樟树、油茶、茶、山茶、咖啡、腰果等植物

分布地区：安徽、浙江、福建、广东、贵州、四川、湖南等省

为害症状

以成虫和若虫刺吸嫩梢、叶片，使新梢生长迟缓，其分泌物还可诱发煤烟病。

形态特征

成虫体长 5.5 毫米左右；头、前胸背板和身体下方褐色，中胸背板及腹部淡褐色；顶宽扁，横长方形，近前缘左右各有一黑褐色斑点。前翅淡褐赭色，深浅不均匀，翅脉色深，翅面凸凹不平，顶角和臀角均较圆，横脉多网状；后翅浅烟褐色，翅脉深褐色。

发生规律

不详。

● 防治方法

参考八点广翅蜡蝉防治方法。

044

娇弱鳝扁蜡蝉

· · · · · · · · ·

拉丁学名：*Tambinia debilis* Stål

分类地位：半翅目（Hemiptera）扁蜡蝉科（Tropiduchidae）鳝扁蜡蝉属（*Tambinia*）

寄主植物：樟树、油茶、茶、咖啡、桑、柑橘等植物

分布地区：浙江、安徽、广东、台湾等省

为害症状

成虫、若虫刺吸寄主植物枝、茎、叶的汁液，严重时枝、茎和叶上布满白色蜡质，致使树势衰弱。

形态特征

成虫体长6～7毫米，绿色。顶宽度略大于长度，前端圆弧形，前缘及侧缘脊起，与中脊形成"小"字形。前胸背板前缘中部突出，平直，有绿色的中脊和斜向的四条侧脊，脊间红褐色。前翅淡绿色，半透明，翅脉绿色，前缘略呈弧形，翅面多小颗粒突起；后翅色淡。

发生规律

不详。

● 防治方法

同褐缘蛾蜡蝉防治。

中华象蜡蝉

· · · · · · ·

拉丁学名：*Dictyophara sinica* Walker

别　　名：华尖头蜡蝉、中华透翅蜡蝉

分类地位：半翅目（Hemiptera）象蜡蝉科（Dictyopharidae）象蜡蝉属（*Dictyophara*）

寄主植物：樟树、柑橘、桑等植物

分布地区：陕西、重庆、四川、浙江、广东、台湾等省区市

为害症状

取食和产卵时刺伤寄主茎叶，破坏输导组织，受害处呈现棕褐色条斑，致植株发黄或枯死。

形态特征

成虫体长 18 毫米（含口吻），体背绿色，复眼淡黄绿色，头突锥状，长约为前胸背板与中胸背部之和。喙细长，淡褐色，有黑褐色纵条纹，伸达后足基节。复眼黑褐色，单眼淡褐色略发红。前胸背板前缘凸出呈角度，后缘凹入也呈角度；具中脊 1 条，两侧肩域各有脊两条，中脊的两侧及复眼后、下方均有淡黄色斑块；中胸背部有纵脊两条，均为淡绿色，中脊两侧各有一淡黄色纵条纹。腹部淡绿褐色。两对翅均透明，脉纹淡黄色，前翅端部褐色；翅痣淡褐色，具三条斜向小横脉。

发生规律

不详。

● 防治方法 ——————————————

偶见，无须防治。

东方丽沫蝉

拉丁学名：*Cosmoscarta heros*（Fabricius）

分类地位：半翅目（Hemiptera）沫蝉科（Cercopidae）东方丽沫蝉属（*Cosmoscarta*）

寄主植物：樟树等植物

分布地区：我国南方各省区

为害症状

若虫刺吸寄主植物嫩枝梢，轻者影响植物正常生长发育，重者嫩梢弯曲或下垂，甚至枯萎。

形态特征

雄成虫 14.6 ～ 17.0 毫米，雌成虫 15.6 ～ 17.2 毫米。头及前胸背板紫黑色，具光泽。复眼灰色，单眼浅黄色；触角基节褐黄色；喙橘黄色、橘红色或血红色。小盾片橘黄色。前翅黑色，翅基或翅端部网状脉纹区之前各有 1 条橘黄色横带，翅基的横带极阔，近三角形；翅端之前的横带较窄，呈波状。后翅灰白色，透明，脉纹深褐色，翅基及翅基的脉纹、前缘区与径脉基部 2/3 及爪区浅红色。

发生规律

不详。

047

●防治方法

（1）秋末至初春剪除着卵枯梢，及时烧毁，减少虫源。

（2）若虫群集为害期，喷施 10% 吡虫啉可湿性粉剂 1 000 倍液、40% 啶虫·毒乳油 1 500 ～ 2 000 倍液或啶虫脒水分散粒剂 3 000 倍液 +5.7% 甲维盐乳油（国光乐克）2 000 倍混合液防治。

凤沫蝉
· · · ·

拉丁学名：*Paphnutius* sp.
分类地位：半翅目（Hemiptera）沫蝉科（Cercopidae）凤沫蝉属（*Paphnutius*）
寄主植物：樟树等植物
分布地区：广东、广西、贵州、云南等省区

为害症状
吸食寄主植物汁液，导致植株衰弱。

形态特征
成虫体长 10 毫米左右，体多黑色，较细弱，翅基部红色。

发生规律
不详。

● 防治方法
同东方丽沫蝉防治。

白条屈角蝉

拉丁学名：*Anchon lineatus* Funkhouser
分类地位：半翅目（Hemiptera）角蝉科（Membracidae）屈角蝉属（*Anchon*）
寄主植物：樟树及豆科植物等
分布地区：海南、广东、广西、湖北、湖南、福建、贵州、四川、云南等省区

为害症状

成虫、若虫刺吸为害枝条、叶片，造成叶片发黄脱落，树势衰弱。发生严重时，分泌的蜜露还可引发煤烟病。

形态特征

成虫褐色，前胸背板密生灰白色绒毛，有1对鹿角状的犄角，粗，略扁，末端不尖狭，前胸背板后方向后延伸达翅端，前端直角状弯曲，前胸背板侧缘有1条黄白色的斜向条纹至前翅后缘，翅褐色并具黑色杂斑。

发生规律

不详。

●防治方法

（1）保护和利用螳螂及小黄丝蚂蚁，能起到抑制虫口密度的作用。
（2）5—6月若虫盛发期，喷施10%高效氯氰菊酯乳油3 000倍液。

烟粉虱
● ● ● ● ●

拉丁学名：*Bemisia tabaci*（Gennadius）

别　　名：小白蛾、甘薯粉虱、银叶粉虱、棉粉虱

分类地位：半翅目（Hemiptera）粉虱科（Aleyrodidae）小粉虱属（*Bemisia*）

寄主植物：樟科、豆科、十字花科、茄科、葫芦科、菊科、大戟科、锦葵科等
　　　　　70多科600多种植物

分布地区：华北、华东、华中、华南、西南等地区

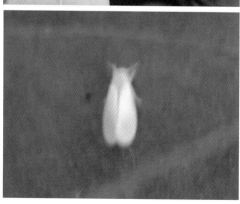

为害症状

烟粉虱直接刺吸植物汁液，导致植株衰弱，若虫和成虫还可以分泌蜜露，诱发煤烟病；密度高时，叶片呈现黑色，严重影响光合作用。另外，烟粉虱还可以在30种作物上传播70种以上的病毒病，不同生物型传播不同的病毒。

形态特征

（1）**成虫**　黄白色到白色，体稍小于温室白粉虱；翅面覆盖白色蜡粉，无斑点；前翅有2条翅脉，左右翅合拢呈屋脊状，两翅中间有缝可见到黄色腹部。

（2）**卵**　椭圆形，有小柄，与叶面垂直，卵柄通过产卵器插入叶内，卵初产时淡黄绿色，孵化前颜色加深，呈琥珀色至深褐色，但不变黑。

（3）**若虫**　淡绿色至黄色，2～3龄时足和触角退化至只有1节。

（4）**伪蛹**　壳黄色，边缘扁落或自然下陷，无周缘蜡丝；体淡绿色或黄色。

发生规律

烟粉虱在不同寄主植物上的发育时间各不相同，25℃下从卵到成虫需18～30天。成虫先在自身羽化的叶

片上产少量卵，后转移到新叶背面产卵。卵散产，与叶面垂直。若虫直接刺吸寄主植物汁液，造成植株衰弱，诱发煤烟病和传播病毒。

●防治方法

（1）清除虫株或杂草。

（2）保护和利用天敌，如浆角蚜小蜂、恩蚜小蜂等。

（3）烟粉虱密度低时，喷施 25% 扑虱灵可湿性粉剂 1 000 倍液或 40% 绿来宝乳油 500 倍液。

黑刺粉虱

拉丁学名：*Aleurocanthus spiniferus*（Quaintanca）

别　　名：油茶黑刺粉虱、茶黑刺粉虱、橘刺粉虱、刺粉虱、黑蛹有刺粉虱

分类地位：同翅目（Homoptera）粉虱科（Aleyrodidae）刺粉虱属（*Aleurocanthus*）

寄主植物：茶、油茶、梨、柿、山楂、柑橘、月季、柑橘、白兰、樟树、榕树、阴香、米兰等植物

分布地区：华北、华东、华中、华南、西南等地区

为害症状

若虫群集在寄主植物叶背刺吸汁液，使叶片失绿、发黄，出现暗铜色而枯死。其分泌排泄物诱发煤烟病，使枝叶发黑，引起枝叶枯死脱落，导致树势衰弱，严重发生时甚至引起枯枝死树。

形态特征

（1）**成虫**　雌成虫体长约 1.2 毫米，雄成虫体较小，橙黄色，覆盖白色蜡粉；前翅紫褐色，上有 7 个不规则白斑；后翅小，淡紫褐色，无斑纹。

（2）**卵**　长肾形，基部钝圆，具一小柄，直立附着于叶背，初乳白后变淡黄色，后渐变深。

（3）**若虫**　共 3 龄。初龄若虫椭圆形，淡黄色，体背生 6 根浅色刺毛，体渐变为灰色至黑色，有光泽，体周缘分泌 1 圈白蜡质物；2 龄若虫黄黑色，体背具 9 对刺毛，体周缘白蜡圈明显；3 龄若虫黑色，体背上具刺毛 14 对，体周缘有明显的白蜡圈。

（4）**伪蛹** 壳椭圆形，初为淡黄色，透明，后渐变黑色有光泽，壳边锯齿状，周缘有较宽的白蜡边，背面显著隆起，胸部具 9 对长刺，腹部有 10 对长刺，两侧边缘雌有长刺 11 对，雄有 10 对。

发生规律

一年发生 4 ～ 5 代，以 2 ～ 3 龄幼虫在叶背越冬。发生不整齐，林间各种虫态并存。成虫多在早晨露水未干时羽化，初羽化时喜欢荫蔽的环境，日间常在树冠内幼嫩的枝叶上活动，有趋光性，可借风力传播到远方。产卵多产在叶背，散生或密集成圆弧形。幼虫孵化后作短距离爬行吸食，蜕皮后将皮留在体背上，以后每蜕一次皮均将上一次蜕的皮往上推而留于体背上。2 ～ 3 龄幼虫固定为害，严重时排泄物增多，煤烟病严重。

●**防治方法**

（1）保护利用粉虱寡节小蜂、刺粉虱黑蜂、草蛉等天敌。

（2）低龄幼虫期喷施 25% 扑虱灵可湿性粉剂 1 000 倍液或 10% 吡虫啉可湿性粉剂 2 000 倍液。

樟个木虱

• • • • • •

拉丁学名：*Trioza camphorae* Sasaki
别　　名：香樟树木虱、香樟木虱
分类地位：半翅目（Hemiptera）个木虱科（Triozidae）个木虱属（*Trioza*）
寄主植物：樟树
分布地区：广东、浙江、福建、江西、湖南、台湾、上海、江苏、河南等省市

053

为害症状

以若虫固定在樟树叶片背面刺吸为害，受害后叶片出现黄绿色、椭圆形小突起。随着虫龄增长，突起逐渐形成紫红色虫瘿，影响植株的正常光合作用，导致提早落叶。

形态特征

（1）成虫　体长2毫米左右，翅展4.5毫米左右，体黄色或橙黄色。触角丝状，复眼大而突出，半球形，黑色。翅2对，半透明，前翅革质，有胫脉、中脉、肘脉；翅痣不明显。

（2）卵　近香蕉形，顶端尖，腹面平坦，背面圆，基部腹面处稍突出，并着生1个卵柄，深埋于叶片组织内。初产时乳白色，后期淡褐色，孵化前为黑色。

（3）若虫　共5龄。体呈长椭圆形或宽椭圆形，体周缘着生瓶子状缘腺，2～3龄若虫瓶状腺较粗短，3～5龄若虫瓶状腺则瘦长；体缘瓶状腺能分泌玻璃状蜡丝，围绕虫体体缘1圈；3～5龄若虫体缘瓶状腺分泌的白色蜡丝沿体缘形成白色的蜡边。

发生规律

华东地区一年发生1代，少数2代，以若虫在被害叶背处越冬。翌年4月成虫羽化，羽化后的成虫多群集在嫩梢或嫩叶上产卵。卵产于樟树新叶上，在叶尖边缘的卵多于叶背和叶面。1龄若虫对樟树叶片的为害轻微，只在叶面出现虫体

大小的椭圆形、淡绿色斑点，1龄若虫可爬行活动，而后逐渐固定在叶片上刺吸取食；2龄若虫为害时，受害处叶面突起；至3龄若虫突起明显且颜色转为紫红色，之后被害处叶面不断增生、加厚，形成明显虫瘿；4～5龄虫瘿更加膨大，颜色转为紫黑色。

●防治方法

幼龄若虫期向叶背喷施25%扑虱灵可湿性粉剂1 000倍液、10%吡虫啉可湿性粉剂2 000倍液。

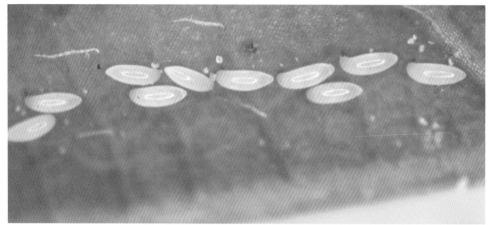

矢尖盾蚧

拉丁学名：*Unaspis yanonensis* Kuwan

别　　名：柑橘矢尖蚧、箭头蚧、矢根蚧

分类地位：半翅目（Hemiptera）盾蚧科（Diaspididae）矢尖盾蚧属（*Unaspis*）

寄主植物：樟树、阴香、油茶、桂花、梅、山茶、芍药、樱花、丁香、柑橘等植物

分布地区：广东、广西、湖南、湖北、四川、重庆、云南、贵州、江西、浙江、江苏、上海、福建、安徽、河北等省区市

为害症状

　　若虫和雌成虫刺吸枝干、叶和果实的汁液。受害轻的叶片被害处呈黄色斑点，若许多雄若虫聚集取食，受害处反面呈黄色大斑，严重时叶片扭曲变形，枝叶枯死，造成整株枯死。

形态特征

　　（1）成虫　雌介壳箭头形，常微弯曲，棕褐色至黑褐色，边缘灰白色。前端尖，后端宽，1～2龄蜕皮壳前端黄褐色，介壳背面中央具1条明显的纵脊，其两侧有许多向前斜伸的横纹。雌成虫体橙黄色。雄介壳狭长，粉白色，棉絮状，背面有3条纵脊，1龄蜕皮壳前端黄褐色。雄成虫橙黄色，具发达的前翅，后翅退化为平衡棒。

　　（2）卵　椭圆形，橙黄色，表面光滑。

（3）**若虫**　初龄若虫橙黄色，草鞋底形，触角及足发达，腹末具 1 对长毛。2 龄若虫淡黄色，椭圆形，后端黄褐色，触角及足已消失，体长 0.2 毫米左右。

（4）**蛹**　前蛹橙黄色，椭圆形，腹部末端黄褐色，长约 0.8 毫米。蛹橙黄色，椭圆形，长约 1 毫米，腹部末端有生殖刺芽；触角分节明显，3 对足渐伸展，尾片突出。

发生规律

一年发生 2 ～ 3 代，以受精雌成虫在枝和叶上越冬。翌年春季 4—5 月产卵在雌介壳下。第 1 代若虫 5 月下旬开始孵化，多在枝和叶上为害；7 月上旬雄成虫羽化，7 月下旬第 2 代若虫发生；9 月中旬雄成虫羽化，9 月下旬第 3 代若虫出现；11 月上旬雄成虫羽化，交尾后以雌成虫越冬，少数也以若虫或蛹越冬。

● 防治方法

（1）保护和利用天敌，如黑缘红瓢虫、寄生蜂等天敌昆虫。

（2）冬季对植株喷施 3 ～ 5 波美度石硫合剂，杀灭越冬蚧体。

（3）初孵若虫盛期，喷施 10% 吡虫啉可湿性粉剂 2 000 倍液、95% 蚧螨灵乳剂 400 倍液等。

日本壶链蚧

拉丁学名：*Asterococcus muratae* Kuwana

别　　名：藤壶蚧、壶链蚧、藤壶镰蚧

分类地位：半翅目（Hemiptera）壶蚧科（Cerococcidae）壶链蚧属（*Asterococcus*）

寄主植物：樟树、广玉兰、枫杨、法国冬青、白玉兰、含笑、山茶、栀子、枇杷、木兰和桤木等植物

分布地区：华东和华南各地区

为害症状

以成虫、若虫在寄主植物枝干上刺吸汁液为害，并分泌蜜露，诱发煤烟病，严重影响寄主植物光合和呼吸作用，造成树势衰弱，枝叶枯死甚至整株死亡。

形态特征

（1）**成虫**　雌成虫蜡壳褐色，呈半球形或近圆锥形；成虫介壳上布有 6 条放射状白色蜡带，8～9 圈螺旋状横纹，尾部有 1 个壶嘴状突起；虫体呈梨形，土黄色，腹部 11～12 节。雄成虫介壳长条形；成虫触角各节生有细毛，具膜翅 1 对，翅脉 2 分叉。

（2）**卵**　长椭圆形，初孵时呈浅黄色，后渐变为暗紫色、乌黑色或灰色；卵壳有纵皱纹或黑斑。

（3）**若虫**　共 2 龄。1 龄若虫初孵时黄褐色，后渐变为红褐色，长卵圆形；具触角和复眼各 1 对，3 对足发达，腹部 7 节，腹末具大尾瓣 2 个，末端各有 1 根长刚毛。2 龄若虫长卵形，红褐色；触角变短，足退化，口器发达，体背分泌许多蜡丝。

（4）**雄蛹**　梭子形或长卵形，常为杏黄色，具翅，末端较尖，羽化后末端有一盖形羽化孔。

发生规律

一年发生 1 代，多以受精雌成虫在被害

枝条上越冬。卵产于介壳下，卵孵化后若虫从介壳的壶嘴爬出。1 龄若虫可在枝叶上爬行取食，一般 1～2 天后固定在枝条或叶片上为害，多在直径 1.3～2.8 厘米的枝条下方或阴暗面（当年生枝、叶、果上）固定为害。若虫经过 1 次脱皮后进入 2 龄期，继续在寄主枝条上吸取汁液，并开始分泌白色蜡丝形成蜡蚧。经过第 2 次脱皮后，雌、雄性分化，雄蛹出现。雄成虫以下午羽化居多，飞翔力弱，仅在雌成虫周围活动，交配后即死亡。

●防治方法

（1）在秋冬、早春剪除越冬虫枝或刮除枝干上的虫体，集中烧毁，可减少越冬虫源。

（2）日本壶链蚧的天敌有寄生、捕食两类，寄生蜂是其主要天敌，包括蜡蚧啮小蜂（*Tetrastichus ceroplasteae*）、柯氏花翅跳小蜂（*Microterys clauseni*）等；捕食类天敌主要有黑缘红瓢虫（*Chilocorus rubidus*）、大草蛉（*Sympetrum croceolum*）、小花蝽（*Orius similis*）、捕食螨类等，捕食 1 龄若虫，具有一定的抑制作用。

（3）若虫发生盛期，在体表尚未分泌蜡质、介壳形成前，喷施 3% 高渗苯氧威乳油 3 000 倍液、20% 速克灭乳油 1 000 倍液或 10% 吡虫啉可湿性粉剂 2 000 倍液。

黑体网纹蓟马

拉丁学名：*Helionothrips aino*（Ishida）

分类地位：缨翅目（Thysanoptera）蓟马科（Thripidae）领针蓟马属（*Helionothrips*）

寄主植物：樟树、阴香、潺槁木姜、玉兰等植物

分布地区：广东、云南等省

为害症状

以成虫和若虫的锉吸式口器吸食寄主植物嫩叶和幼芽汁液，为害后叶面正面发白，甚至整片叶子失绿发黄；叶面背面有大量黑色排泄物。

形态特征

（1）成虫 虫体黑褐色。前翅基部黑色，亚基部有无色透明的带纹，其余部分暗灰色，上脉鬃缺，下脉鬃7条。各足胫节端部及跗节黄色，其余均为黑褐色。雄成虫第9节腹板有4个刺状突，前对比后对粗壮。

（2）卵 椭圆形，白色，透明。

（3）若虫 共4龄，鞘状翅芽伸达腹部3/5处。

发生规律

在广州地区5—6月后常见为害，一年发生多代，世代重叠。

●防治方法

（1）清除枯枝杂草，消灭栖息场所。

（2）发生初期，喷施10%吡虫啉可湿性粉剂2 000倍液。

红带网纹蓟马

拉丁学名：*Selenothrips rubrocinctus*（Giard）

别　　名：荔枝网纹蓟马、红带滑胸针蓟马、红腰带蓟马

分类地位：缨翅目（Thysanoptera）蓟马科（Thripidae）华胸针蓟马属（*Selenothrips*）

寄主植物：樟树、悬铃木、板栗、杧果、沙梨、柿、桃、金合欢、泡桐、梧桐、乌桕、相思、荔枝、龙眼等植物

分布地区：广东、广西等省区

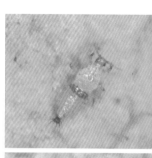

为害症状

以成虫、若虫锉吸新梢嫩叶的汁液，受害叶上产卵点表皮隆起并覆盖有黑褐色胶质膜块或黄褐色粉粒状物，为害严重时梢叶变褐、枯焦，大量落叶，影响树势和开花结果。

形态特征

（1）成虫　雌成虫体长 1～1.4 毫米，黑色，体表密布网状花纹；头矩形，复眼黑色。前胸矩形，后胸盾片有 1 个呈倒三角形。翅位于胸腹背中央，灰黑色，缘毛极长。雄成虫比雌成虫体形稍小，腹部瘦长近锐三角形，第 9 腹节背板有 3 对粗角状刺。

（2）卵　肾形或扁卵形，长 0.2 毫米，白色，透明。

（3）若虫　初孵若虫无色透明，头部稍后及腹末淡黄色。老熟若虫体长 0.9～1.2 毫米，橙黄色；触角透明，端节细而尖；足白色，透明；腹部可见 10 节，末节黑色，末端带有珠状液泡。

（4）伪蛹　前期形似老熟幼虫，触角前伸，足、触角和翅芽白色、透明，翅芽位于体侧，伸达腹部第 2 节；后期伪蛹翅芽伸达腹部第 5 节，体色由橙黄色变为浅黑褐色，并渐次加深至黑色，足由白色透明变为黑色，翅芽变为灰色。

发生规律

一年发生多代，世代重叠，全年可见到各虫态。2 月中旬后陆续孵出若虫，若虫在早、晚和阴天多在叶面活动，晴天阳光直射时在叶背。成长若虫多群集在被害叶或附近叶片背凹处。成虫一般爬行，受惊扰时可弹飞。能孤雌生殖。卵散产在叶面表皮下，在嫩叶的中脉附近着卵较多。

● 防治方法

发生初期喷施 10% 吡虫啉可湿性粉剂 2 000 倍液。

060

圆率管蓟马

拉丁学名：*Litotetothrips rotundus* (Moulton)

分类地位：缨翅目（Thysanoptera）管蓟马科（Phlaeothripidae）率管蓟马属
（*Litotetothrips*）

寄主植物：樟树、天竺桂

分布地区：上海、香港、台湾等省区市

为害症状

以成、若虫在樟树叶片上刺吸为
害，以锉吸式口器插入叶片细胞内部，
吸取植物汁液，初期造成银灰色斑点，
后期斑点变褐，严重为害时造成叶片卷
曲、干枯、脱落。

形态特征

（1）成虫　雌成虫体棕色，尾管基
半部颜色稍深；触角 Ⅰ～Ⅱ 节棕色，Ⅱ
节端部略淡，Ⅲ～Ⅷ 节黄色，但 Ⅵ～Ⅷ
节的端半部淡棕色；足棕色，但前足跗

节和胫节为黄色，中、后足跗节淡棕色。前胸背板长约为头长 0.6 倍，前缘具弱
横线纹，中侧鬃、侧片鬃和后角鬃发达，前缘鬃和前角鬃退化；背侧缝不完整；
中胸背板具网状纹，但近后缘纹模糊；后胸背板具多角形的网纹，具 1 对中鬃；
前翅前后缘几乎平行，基鬃 S1 和 S3 小，S2 发达，具间插缨 3～6 根。腹部背
板 Ⅰ 节小盾片呈钟形，有横条状的侧叶，具稀疏的网纹，无钟形感受器；Ⅱ～Ⅶ
节各有 2 对承翅鬃，两侧有网纹，中部网纹弱，腹板光滑，具 5～9 根中鬃及 2
对后缘鬃；Ⅸ 节 S1 鬃短于尾管，S2 长于尾管，肛鬃短于尾管。雄成虫颜色和外
形相似于雌成虫，腹部背片Ⅸ节 S2 鬃粗短。

（2）若虫　体深黄色，具絮状红斑，头、前胸及腹部Ⅸ～Ⅹ节棕色，其他体
节具棕色毛斑，触角 Ⅰ～Ⅱ 节棕色，各足腿节棕色；触角 7 节；腹部第Ⅸ节后缘
鬃端部尖锐。

发生规律

一张叶片会出现 6～8 只个体，卵、若虫和成虫同时存在，并常与樟巢螟等
其他害虫混合发生。

●防治方法

同红带网纹蓟马防治。

石榴小爪螨

· · · · · · ·

拉丁学名：*Oligonychus punicae*（Hirst）

分类地位：真螨目（Acariformes）叶螨科（Tetraychidae）小爪螨属（*Oligonychus*）

寄主植物：樟树、檫树、鳄梨、石榴、葡萄

分布地区：我国南方各省区

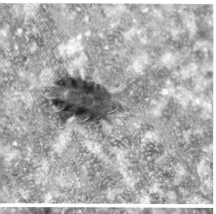

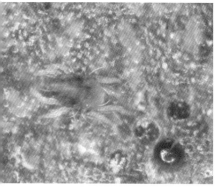

为害症状

在樟树叶片正面刺吸汁液，受其为害的叶片部位分列主脉、支脉两侧及相邻处，并迅速蜕变为棕黄色至褐色；受害严重时，嫩梢枯萎，长势衰弱。

形态特征

（1）**雌螨** 卵圆形，紫红色，背毛13对，较长，不着生在疣突上。前列背毛的1/3～1/2可达下列背毛的基部，外腰毛和内腰毛，外骶毛和内骶毛几乎等长，背面可见较短的尾毛。

（2）**雄螨** 体红褐色，菱形，腹部末端略尖。肛后毛4根，背毛较长不着生于疣突，前列背毛的1/3～1/2可达下列背毛的基部，外腰毛长于内腰毛，内骶毛长于外骶毛，尾毛短。

（3）**卵** 扁圆形，卵顶略凹陷，由此着生一淡色刚毛。夏卵浅橙色至橙红色，越冬卵紫红色（滞育卵）。

（4）**幼螨** 足3对，体形略大于卵粒。

（5）**若螨** 足4对，体形和成螨相似，但较小，活泼。雌若螨蜕皮2次，即具有若螨Ⅰ、若螨Ⅱ2个虫期。雄若螨则仅有若螨Ⅰ。

发生规律

以两性生殖为主，繁殖的后代，其雌雄性比因季节而异，早春和初冬的活动虫态以雌性为主。除卵期外，每变换一个虫态，都需经过静止期。在静止期间，虫体缩成拱形，4对足收藏在体躯下面，体表被有一层薄膜，蜕皮时，足Ⅱ、Ⅲ之间横向裂开，后半体先退出蜕皮壳，然后前半体从蜕皮壳中蜕出，蜕皮壳仍留在原处。一头刚羽化的雌螨，可连续交尾数次。完成交尾的雌螨，常静伏于叶脉两侧，1～2日后开始产卵，此时可见其吸取补充营养并守候在卵粒附近。

石榴小爪螨的若螨和雄螨行动都很活跃，雌螨次之。早春随新叶的展开，成螨迅速迁移至新叶；相邻的樟树枝叶交叠，极有利于石榴小爪螨的扩散，但如树间间隔一定距离，则需凭借风力、昆虫或其他因素的传播。

●防治方法

（1）保护和利用天敌，主要有食螨瓢虫（*Stethorus* sp.）、钝绥螨（*Amlyseius* sp.）。

（2）发生盛期，喷施 1.8% 爱福丁乳油 3 000 倍液、1.8% 阿维菌素乳油 3 000 倍液或 10% 吡虫啉可湿性粉剂 2 000 倍液，交替使用。

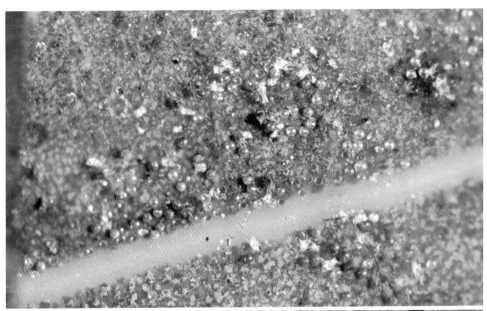

食叶类害虫

短角异斑腿蝗

拉丁学名：*Xenocatantops brachycerus*（Willemse）

别　　名：短角外斑腿蝗

分类地位：直翅目（Orthoptera）斑腿蝗科（Catantopidae）外斑腿蝗属
（*Xenocatantops*）

寄主植物：樟树、油茶、茶、甘蔗等植物

分布地区：河北、陕西、山西、山东、江苏、浙江、湖北、湖南、江西、福建、
台湾、广东、广西、四川、贵州等省区

为害症状

以成、跳螭取食寄主叶片，为害严重时可将叶片吃光或仅留叶柄或主脉，影
响植株生长和观赏。

形态特征

雄成虫体长 17～21 毫米，雌成虫 22～28 毫米。体背面、腹面黄褐色至暗
褐色，头部褐色，短于前胸背板，密布粗大刻点。后胸腹板侧叶间全长毗连，后
胸前侧片具淡黄色纵纹。前翅暗褐色，翅脉明显可见，密布黑色小斑点。后翅膜
质透明。前、中足黄褐色。后足股节、胫节、跗节颜色各不一样，股节外侧黄褐
色，有 2 个黑色大斑，基部和膝前部各有一黑色小点；内面具 4 个黑斑；上缘黄

褐色，其余部分橙红色，具有 4 个黑斑，均与上侧内面黑斑相连。后足胫节橙红色，胫节刺为黑色，跗节为黄褐色。

发生规律

本种普遍分布于平地至低海拔山区，常见于草丛活动，体色会随环境改变，但后足腿节的黑色斑纹一般是稳定的。

● 防治方法

（1）腿蝗的天敌很多，如线虫、螳螂、寄生蝇等，要加强保护天敌。
（2）初孵蝗蝻扩散能力极弱时喷施 20% 菊杀乳油 2 000 倍液。

掩耳螽

· · · ·

拉丁学名：*Elimaea* sp.
分类地位：直翅目（Orthoptera）螽斯科（Tettigoniidae）掩耳螽属（*Elimaea*）
寄主植物：樟树、油茶等植物
分布地区：广东

为害症状

取食寄主叶片，为害严重时可将叶片吃光或仅留叶柄或主脉。

形态特征

成虫体侧扁，头及前胸狭小，前翅狭长超过腹端，与条螽类近似，但前翅翅脉多呈方格状。

发生规律

栖息于林地环境或农田。

● 防治方法

此种偶发，无须防治。

樟叶蜂
· · · · ·

拉丁学名：*Mesoneura rufonota*（Rohwer）

分类地位：膜翅目（Hymenoptera）叶蜂科（Tenthredinidae）樟叶蜂属（*Mesoneura*）

寄主植物：樟树

分布地区：广东、福建、浙江、江西、湖南、广西、四川、台湾等省区

为害症状

以幼虫取食樟树嫩叶为害，甚至将幼苗嫩叶吃光，造成死亡；幼树嫩叶被吃光后形成秃枝，成长树嫩叶被吃光后使樟树分叉多，枝条丛生。

形态特征

（1）**成虫**　雌成虫体长 7 ～ 10 毫米，雄成虫体长 6 ～ 8 毫米。体黑褐色，单眼、上唇黄褐色；前胸背板、中胸背板中叶、中胸背板侧叶、小盾片、翅肩片、中胸侧板橘黄色；翅膜叶淡黄白色。翅膜质透明，脉明晰可见。

（2）**卵**　肾形，微弯曲，长 1 毫米左右，乳白色，有光泽，产于叶肉内。

（3）**幼虫**　共 4 龄。初孵幼虫乳白色，头浅灰色，取食后体呈绿色，全体多皱纹；至 3 龄时胸部及腹部第 1 ～ 2 节背侧面出现许多小黑点；至 4 龄时，这些小黑点大而明显；同时，腹部第 3 ～ 4 节上亦出现许多小黑点，这些小黑点排列不规则，数目和显现程度也常有变异。老熟幼虫体长 15 ～ 18 毫米，头黑色，体淡绿色，全身多皱纹，胸部及第 1 ～ 2 腹节背面密生黑色小点，胸足黑色间有淡绿色斑纹。

（4）**蛹**　长 7.5 ～ 10 毫米，淡黄色，复眼黑色，外被长卵圆形黑褐色茧。

发生规律

以老熟幼虫在土内结茧越冬。越冬老熟幼虫于翌年 2 月上中旬至 3 月上旬陆续化蛹羽化，或继续滞育。成虫可两性生殖，也可孤雌生殖，雌成虫经交配后产生的子代为雌雄两性，但雌性较多；孤雌生殖的子代则全为雄性。成虫羽化后，

随即将卵单个散产于嫩叶组织内，卵或产于主脉旁或成行产于叶的其他部位。幼虫孵化后即于叶背取食，初时仅取食叶背表皮及叶肉，留下上表皮；2～4龄幼虫取食全叶，将叶吃成穿孔、缺刻或仅留主脉或全叶。

由于樟叶蜂幼虫在茧内有滞育现象，第1代老熟幼虫入土结茧后，有的滞育到次年再继续发育繁殖；有的则正常化蛹，当年继续繁殖后代。因此在同一地区，一年内完成的世代数也不相同。

●防治方法

（1）低龄幼虫群集在嫩叶上时，对较矮的植株进行人工捕杀。

（2）保护和利用天敌，樟叶蜂天敌主要有蜘蛛、核型多角体病毒、捕食性蝽、蚂蚁、蚁狮等，其中核型多角体病毒对3～4龄幼虫作用明显。

（3）3月中下旬，初孵幼虫期喷施青虫菌6号液剂500倍液或苏云金杆菌0.5亿～1.5亿/毫升孢子悬浮液。

（4）幼虫发生初期，喷施20%除虫脲悬浮剂7 000倍液或25%阿克泰水分散粒剂5 000倍液。

四斑角伪叶甲

· · · · · · · · · ·

拉丁学名： *Cerogria quadrimaculata* Hope
分类地位： 鞘翅目（Coleoptera）伪叶甲科（Lagriidae）角伪叶甲属（*Cerogria*）
寄主植物： 樟树等植物
分布地区： 广东、广西、湖北、福建、四川、云南等省区

为害症状

成虫咬断嫩茎和食害幼果，叶片被食后形成圆形缺刻，影响光合作用。幼虫在地下专食根部，重者使植株萎蔫而死。

形态特征

成虫体长8.3～10.6毫米，延长，隆突，栗褐色，腹部色泽一般较浅，膝节、胫节、跗节和触角（基部除外）多为黑色，鞘翅浅黄色至褐黄色，有些前体色泽较浅。鞘翅中部近鞘缝具 1 个圆形黑斑，端部 1/3 近边缘具 1 个斜黑斑。

发生规律

不详。

●防治方法

偶发，无须防治。

褐足角胸肖叶甲

拉丁学名：*Basilepta fulvipes*（Motschulsky）

分类地位：鞘翅目（Coleoptera）肖叶甲科（Eumolpidae）角胸肖叶甲属（*Basilepta*）

寄主植物：樟树、油茶、茶、枫杨、梅、李等植物

分布地区：全国各地

为害症状

成虫取食寄主植物的嫩芽、嫩叶，造成缺刻。

形态特征

（1）**成虫**　体小型，卵形或近于方形。体色变异较大，共分为 6 种色型：标准型、铜绿鞘型、蓝绿型、黑红胸型、红棕型和黑足型。头部刻点密而深刻，头顶后方具纵皱纹，唇基前缘凹切深。前胸背板宽短，宽近于或超过长的 2 倍，略呈六角形，前缘较平直，后缘弧形，两侧在基部之前中部之后突出成较锐或较钝的尖角。小盾片盾形，表面光亮或具微细刻点。鞘翅基部隆起，后面有 1 条横凹，肩后有 1 条斜伸的短隆脊；盘区刻点一般排列成规则的纵行，基半部刻点大而深，端半部刻点细浅；行距上无刻点或具细刻点。

（2）**卵**　黄色，初产略透明，光滑，长椭圆形，聚产。

（3）**幼虫**　初孵幼虫淡黄色，略透明，后逐渐变为黄色，口器黑色，前胸盾板生有少量刚毛，中后胸背中线色浅，各体节背面无毛斑，但有刺毛。气孔色浅，胸足淡黄色。

发生规律

华南地区一年发生 5 代，世代重叠。以成虫群集于隐蔽处越冬。成虫具假死性，羽化后群集为害。雌成虫交配后两天内即可产卵，卵聚产，卵粒排列较规则。幼虫孵化后钻入土中取食，在土中化蛹。

●防治方法

（1）利用成虫假死性人工收集害虫并杀死。

（2）成虫盛发期，喷施 3% 高渗苯氧威乳油 3 000 倍液、10% 吡虫啉可湿性粉剂 2 000 倍液。

黄斑隐头叶甲

拉丁学名：*Cryptocephalus luteosignatus* Pic
别　　名：白带筒金花虫
分类地位：鞘翅目（Coleoptera）肖叶甲科（Eumolpidae）隐头叶甲属
　　　　　（*Cryptocephalus*）
寄主植物：樟树、油茶、日本樱花、青冈栎、台湾铠木、榕树、赤杨等植物
分布地区：江苏、浙江、江西、福建、台湾、广东等省

为害症状

成虫和幼虫取食叶片，把叶片取食呈缺刻。

形态特征

成虫体长 3.5～4.5 毫米；头和前胸背板淡黄色或棕黄色，前胸背板有时在盘区中部有形状不定的棕色或红棕色暗斑；翅鞘底色黑色，左右各有 5 个或 6 个淡黄色斑，肩角处另有 1 个小型白斑；翅鞘白斑因个体差异而有不同程度的扩大或连接。前胸背板侧边狭窄。小盾片三角形，淡黄色或棕红色，边缘黑色，端末平切或圆钝，基部中央有一小圆凹窝。每翅具 5～6 个斑（2∶2∶1 或 3∶2∶1）：在翅基的中部有 1 个三角形斑，小盾片侧有 1 个小长斑，肩胛外侧有时有 1 个狭长斑，此斑往往消失，或与中部外侧的 1 个大斑汇合，盘区中部有一横列 2 个斑，外侧的大，内侧的小，另外，在翅端有 1 个大斑。

发生规律

不详。

● 防治方法

（1）利用其假死性，进行人工捕杀。
（2）成虫期、幼虫期喷施 3% 高渗苯氧威乳油 3 000 倍液。

黄守瓜

拉丁学名：*Aulacophora femoralis chinensis* Weise
别　　名：印度黄守瓜、黄足黄守瓜、黄虫、黄萤
分类地位：鞘翅目（Coleoptera）叶甲科（Chrysomelidae）守瓜属（*Aulacophora*）
寄主植物：樟树、柑橘、桃、梨、苹果、朴树，以及桑科、茄科、十字花科等
　　　　　植物
分布地区：我国分布广泛，大部分省区均有记载

为害症状

成虫、幼虫均能为害。成虫取食寄主幼苗嫩叶，咬断地面嫩茎，造成缺株；在叶片上取食为害形成环形食痕或孔洞，影响叶片的光合作用；成株期，除啃食叶片表皮外，还可取食花和幼果。幼虫营土中生活，取食为害寄主根部。

形态特征

（1）成虫　体长 7～8 毫米。全体橙黄色或橙红色，有时略带棕色；上唇栗黑色；复眼、后胸和腹部腹面均呈黑色。前胸背板宽约为长的 2 倍，中央有一弯曲深横沟。鞘翅中部之后略膨阔，刻点细密，雌成虫尾节臀板向后延伸，呈三角形突出，露在鞘翅外，尾节腹片末端呈角状凹缺；雄成虫触角基节膨大如锥形，

腹端较钝，尾节腹片中叶长方形，背面为一大深洼。

（2）**卵** 圆形，长约 1 毫米，淡黄色，卵壳背面有多角形网纹。

（3）**幼虫** 初孵时白色，以后头部变为棕色，胸、腹部为黄白色，前胸盾板黄色；各节生有不明显的肉瘤；腹部末节臀板长椭圆形，向后方伸出，上有圆圈状褐色斑纹，并有纵行凹纹 4 条。

（4）**蛹** 纺锤形，长约 9 毫米，黄白色，接近羽化时为浅黑色。各腹节背面有褐色刚毛，腹部末端有粗刺 2 个。

发生规律

一年发生代数因地而异。各地均以成虫越冬，常十几头或数十头群居在避风向阳的田埂土缝、杂草落叶或树皮缝隙内越冬。成虫在温暖的晴天活动频繁，阴雨天很少活动或不活动；成虫受惊后飞离或假死，耐饥力强；有趋黄习性。成虫产卵一般堆产或散产在寄主根部或土壤缝隙中。成虫产卵对土壤有选择性，喜欢在湿润的壤土和黏土中产卵，干燥砂土中不产卵。

●**防治方法**

（1）保护和利用螳螂等天敌。

（2）利用成虫趋黄特性，在成虫发生期用黄色粘虫板集中诱杀。

（3）成虫期可喷施 3% 高渗苯氧威乳油 3 000 倍液或 5% 氟铃脲乳油 2 000 倍液。

黄足黑守瓜

拉丁学名：*Aulacophora lewisii* Baly
别　　名：柳氏黑守瓜、黑瓜叶虫、黄胫黑守瓜
分类地位：鞘翅目（Coleoptera）叶甲科（Chrysomelidae）守瓜属（*Aulacophora*）
寄主植物：樟树、罗汉果及瓜类等植物
分布地区：我国黄河以南地区

为害症状

成虫咬食叶片成环形或半环形缺刻，咬食嫩茎造成死苗。幼虫在土中咬食根茎，常使寄主植物萎蔫死亡。

形态特征

（1）成虫　体长5.5～7毫米，宽3～4毫米。全身仅鞘翅、复眼和上颚顶端黑色，其余部分均呈橙黄色或橙红色。

（2）卵　黄色，球形，表面有网状皱纹。

（3）幼虫　黄褐色，各节有明显瘤突，上生刚毛，腹部末端左右有指状突起，上附刺毛3～4根。

（4）蛹　灰黄色，头顶、前胸及腹节均有刺毛，腹末左右具指状突起，上附刺毛3～4根。

发生规律

长江流域一年发生1～2代，华南地区2～3代。以成虫在避风向阳的杂草、落叶及土壤缝隙间潜伏越冬。成虫喜在湿润表土中产卵。卵散产或堆产。幼虫孵化后随即潜入土中为害植株细根，3龄以后为害主根。老熟幼虫在根际附近筑土室化蛹。成虫行动活泼，遇惊即飞，有假死性，但不易捕捉。

●防治方法

同黄守瓜防治。

柑橘灰象

· · · · · ·

拉丁学名：*Sympiezomias citri* Chao
别　　名：柑橘大灰象虫、灰鳞象虫、泥翅象虫
分类地位：鞘翅目（Coleoptera）象甲科（Curculionidae）灰象甲属（*Sympiezomias*）
寄主植物：樟树、油茶、茶、桃、柑橘、李、杏、无花果等植物
分布地区：贵州、四川、福建、江西、湖南、广东、浙江、安徽、陕西等省

为害症状

以成虫为害叶片及幼果，老叶受害常造成缺刻；嫩叶受害严重时被吃得精光；嫩梢被啃食成凹沟，严重时萎蔫枯死。

形态特征

（1）**成虫**　体密被淡褐色和灰白色鳞片。喙粗短，背面漆黑色，中央纵列1条凹沟，从喙端直伸头顶，其两侧各有一浅沟，伸至复眼前面。前胸长略大于宽，两侧近弧形，背面密布不规则瘤状突起，中央纵贯宽大的漆黑色斑纹，纹中央具1条细纵沟。鞘翅中部横列1条灰白色斑纹，鞘翅基部灰白色。雌成虫鞘翅端部较长，合成近"V"形，腹部末节腹板近三角形。雄成虫两鞘翅末端钝圆，合成近"U"形，末节腹板近半圆形。

（2）**卵**　长筒形而略扁，乳白色，后变为紫灰色。

（3）**幼虫**　老龄幼虫体乳白色或淡黄色；头部黄褐色，头盖缝中间明显凹陷。背面中间部分略呈心脏形，有刚毛3对，两侧部分各生1根刚毛，于腹面两侧骨化部分之间，位于肛门腹方的一块较小，近圆形，其后缘有刚毛4根。

（4）**蛹**　长7.5～42毫米，淡黄色喙弯向胸前，上额大钳状，前胸背板隆起，背面有6对短小毛突，腹部背面各节横列6对刚毛，腹末具黑褐色刺1对。

发生规律

一年发生1代，以成虫在土壤中越冬。翌年3月底至4月中旬出土，白天多潜伏于土缝或阴暗的叶背等处，傍晚及清晨最为活跃，受惊假死落地长时间不动，可多次交尾。4—5月可见成对成虫静伏枝叶上，4—5月为害最为严重，常将芽叶食光。5月后将叶纵合成饺子状折合部分叶缘，产卵于其中，分泌半透明胶质物黏结叶片和卵块，偶有产于土中者。幼虫孵化后入土生活，取食植物地下部组织，至晚秋老熟于土中化蛹，羽化后不出土即越冬。

●**防治方法**

（1）利用成虫假死性，摇树震落成虫集中杀死。

（2）成虫发生期，向树冠喷施10%高氯氟氰菊酯乳油250倍液或3%阿维菌素乳油6 000倍液。

（3）5月底至6月初卵孵化盛期，每公顷用5%毒死蜱颗粒剂60千克拌沙土撒施于林园内。

绿鳞象甲

. . . . . .

拉丁学名：*Hypomeces squamosus* Fabricius

别　　名：蓝绿象、绿绒象虫、棉叶象鼻虫、大绿象虫等

分类地位：鞘翅目（Coleoptera）象甲科（Curculionidae）蓝绿象属（*Hypomeces*）

寄主植物：樟树、油茶、茶、山茶、降香黄檀、咖啡、柚木、橡胶、子京、麻楝、
　　　　　海南石梓、荔枝、龙眼、人心果、柑橘、甘蔗等植物

分布地区：河南、江苏、安徽、浙江、江西、湖北、湖南、广东、广西、福建、
　　　　　台湾、四川、云南、贵州等省区

为害症状

以成虫取食寄主植物嫩芽、嫩叶及嫩枝，造成缺刻或孔洞，甚至有出现啃食树皮的现象，对树木的生长造成严重的影响。

形态特征

（1）**成虫**　体长 15 ～ 18 毫米，黑色，表面密被均一的闪光的蓝绿色鳞片（同一鳞片，因角度不同而显示为蓝色或绿色），鳞片间散布银灰色长柔毛或鳞状毛，鳞片表面往往附着黄色粉末。有的个体，其鳞片为灰色、珍珠色、褐色或暗铜色，个别个体的鳞片为蓝色。

（2）**卵**　椭圆形，长约 1 毫米，黄白色，孵化前呈黑褐色。

（3）**幼虫**　初孵时乳白色，后逐渐变为黄白色。老熟幼虫长 13 ～ 17 毫米，体肥多皱，无足。

（4）**蛹**　长约 14 毫米，黄白色。

发生规律

长江流域一年发生 1 代，华南地区一年 2 代，以成虫或老熟幼虫在土中越冬。成虫白天活动，飞翔力弱，善爬行，有群集性和假死性，出土后爬至枝梢为害嫩叶，能交配多次。卵多单粒散产在叶片上。幼虫孵化后钻入土中 10 ～ 13 厘米深处取食杂草或树根，幼虫老熟后在 6 ～ 10 厘米土中化蛹。

防治方法

（1）利用成虫假死性，在成虫出土高峰期人工捕杀。

（2）用胶粘杀，用桐油加火熬制成胶糊状，涂在树干基部，象甲上树时即被粘住，涂一次有效期 2 个月。

（3）成虫期喷施 3% 高渗苯氧威乳油 3 000 倍液。

茶丽纹象甲

拉丁学名：*Myllocerinus aurolineatus* Voss

别　　名：茶叶小象甲、黑绿象甲虫、小绿象鼻虫、长角青鼻虫、花鸡娘

分类地位：鞘翅目（Coleoptera）象甲科（Curculionidae）丽纹象属（*Myllocerinus*）

寄主植物：樟树、油茶、茶、山茶、梨、苹果、桃、板栗、洋槐、油桐、金刚刺
　　　　　等植物

分布地区：全国各地

为害症状

幼虫在土中蛀食须根；成虫咬食叶片，致使叶片边缘呈弧形缺刻，严重时全园残叶秃脉。

形态特征

（1）成虫　体长 5 ～ 7 毫米，黑色，略带金属光泽。头部有 2 条、前胸背面有 3 条黄色或黄绿色鳞片组成的纵纹，鞘翅行间 1、3、5、7 在中间前后各具 1 条或长或短的纵纹，行间 5 和 7 的纹在前后端 1/3 有时互相连接，以致在连接处形成横带，行间 3 的两条纹常消失。

（2）卵　椭圆形，长 0.5 ～ 0.6 毫米，黄白色至暗灰色。

（3）幼虫　头黄褐色，体乳白色至黄白色，肥而多横皱，无足。

（4）蛹　长椭圆形，长 5 ～ 6 毫米，黄白色至灰褐色，头顶及胸、腹多节背面有刺突 6 ～ 8 枚，而以胸部的较显著。

发生规律

广东一年发生 1 代，以幼虫在土壤中越冬。成虫善爬行，飞翔力弱，具假死性，怕阳光，中午前后太阳光直射时潜伏在叶背或荫蔽处，深夜至清晨露水未干时和雨天不甚活动，于清晨及黄昏后取食活动于冠面。卵散产，也有几粒聚集在一起的，产卵部位一般在根际附近。幼虫孵化后在表土中活动，取食寄主须根和土壤有机质。

●防治方法

（1）利用成虫假死性进行人工捕杀。

（2）生物防治，于成虫出土前每公顷用白僵菌 871 菌粉 15 ～ 30 千克拌细土撒施于土表。

（3）成虫盛发期前后，喷施 5% 锐劲特悬浮剂 500 ～ 1 000 倍液或 2.5% 联苯菊酯乳油 2 500 ～ 3 000 倍液，相隔 15 天左右连续喷杀 2 次，第 1 次为羽化出土盛期（始见期后的第 2 周），第 2 次为羽化出土盛末期。

棕长颈卷叶象甲

拉丁学名： *Paratrachelophrous nodicornis* Voss

别　　名： 瘤角卷叶象甲

分类地位： 鞘翅目（Coleoptera）卷叶象甲科（Atelabidae）长颈卷叶象属
　　　　　　（*Paratrachelophrous*）

寄主植物： 樟树、水金京、台湾三香圆、红楠、九节木、油茶、桂花等植物

分布地区： 台湾、湖南、湖北、广东等省

为害症状

雌成虫卷叶筑巢产卵，巢筒形，挂在树上像摇篮，卵孵化后，幼虫在里面取食叶片。成虫在叶背面取食，咬食叶片呈黄褐色透明斑块或咬穿叶片成圆孔状。

形态特征

（1）**成虫**　体色棕红色。雄成虫体长 13 毫米左右，头部细长；雌成虫体长 8 ～ 11 毫米，头部较雄成虫短。触角前端膨大成锤状，触角基部 2 节和端部 3 节黑色，中间几节为棕红色。复眼黑色，圆球状。头部与前胸交接处具黑色环圈。前胸背板红褐色，光滑；后胸腹面两侧各有 1 个椭圆形白斑。鞘翅棕红色，肩部具瘤突，有突起纵条纹。胸足红褐色，腿节粗圆，两端具黑斑，胫节前端具长刺 1 ～ 2 枚。

（2）**卵**　椭圆形，胶质状，半透明，米黄色。

（3）**幼虫**　象甲形，乳白色，肥胖，弯曲，口棕褐色。

（4）**蛹**　裸蛹。

发生规律

一年发生 1 代。以幼虫在被害叶卷内孵化、取食，后钻出叶卷入土，继续为害杂草、作物等幼根。6 月中旬至 9 月中旬，老熟幼虫在地表作室化蛹，翌年 5 月下旬至 7 月下旬相继羽化，5 月下旬成虫出现，为害至 7 月下旬。雌成虫会将叶苞切断掉落地面。雌成虫具有很强的飞翔能力，喜无风、晴朗天气在树冠上部

或树外围处活动，阴雨天气活动能力减弱；有趋光性。

●**防治方法**————————————————————————

（1）人工摘除卷叶虫筒，或清扫、拾起被害叶卷深埋，或烧掉。

（2）用灯光诱杀。

（3）成虫出土前或幼虫入土前，在林地清除杂草、灌木，喷施久效磷，每公顷 15 千克，用耙搂地表，以便毒杀。

（4）成虫为害期，每 3～5 天喷 1 次菊酯类药剂 800～1 000 倍液或 3% 高渗苯氧威乳油 3 000 倍液，连续喷施 2 次。

马铃薯瓢虫

拉丁学名：*Henosepilachna vigintioctomaculata*（Motschulsky）
别　　名：大二十八星瓢虫、马铃薯二十八星瓢虫
分类地位：鞘翅目（Coleoptera）瓢虫科（Coccinellidae）裂臀瓢虫属
　　　　　（*Henosepilachna*）
寄主植物：樟科、茄科、豆科、葫芦科、十字花科、藜科等植物
分布地区：全国各地

为害症状

　　成虫、幼虫在叶背剥食叶肉，仅留表皮，形成许多不规则、半透明的细凹纹，状如箩底；也能将叶吃成孔状，甚至仅存叶脉。严重时受害叶片干枯、变褐，全株死亡。

形态特征

　　（1）**成虫**　体长7～8毫米，半球形，赤褐色，体背密生短毛，并有白色反光。前胸背板中央有1个较大的剑状纹，两侧各有2个黑色小斑（有时合并成1个）。两鞘翅各有14个黑色斑，鞘翅基部3个黑斑后面的4个斑不在同一条直线上；两鞘翅合缝处有1～2对黑斑相连。

　　（2）**卵**　子弹形，长1.4毫米，初产时鲜黄色，后变黄褐色，卵块中卵粒排列较松散。

　　（3）**幼虫**　老熟幼虫体长9毫米，黄色，纺锤形，背面隆起，体背各节有黑色枝刺，枝刺基部有淡黑色环状纹。

　　（4）**蛹**　长约6毫米，椭圆形，淡黄色，背面有稀疏细毛及黑色斑纹，尾端包着末龄幼虫的蜕皮。

发生规律

　　成虫有避光性和假死性，飞翔力较弱，遇惊扰时假死坠地并分泌有特殊臭味的黄色液体。成虫有取食卵块的习性。卵多数产在叶片背面，早期产于下部近地面的叶背，以后则上部叶背着卵较多。幼虫有自残习性，初孵幼虫先群集在卵壳上不动，1龄幼虫多群集叶背取食，2龄后分散为害，大多数在叶背取食。

●防治方法

　　（1）利用成虫假死性人工捕杀。

　　（2）保护和利用天敌，其捕食性天敌主要有草蛉、胡蜂、小蜂、蜘蛛等；也可利用白僵菌、绿僵菌、苏云金芽孢杆菌等生物制剂进行防治。

　　（3）幼虫为害期向叶背喷施10%吡虫啉可湿性粉剂1 500倍液。

肉桂突细蛾

拉丁学名：*Gibbovalva quadrifasciata*（Stainton）

分类地位：鳞翅目（Lepidoptera）细蛾科（Gracilariidae）突细蛾属（*Gibbovalva*）

寄主植物：樟树、肉桂、越南清化桂、天竺桂、红润楠、桢楠、木姜子、假柿木姜子和披针叶楠等植物

分布地区：海南、广东、广西、四川、云南、江西、上海、香港等省区市

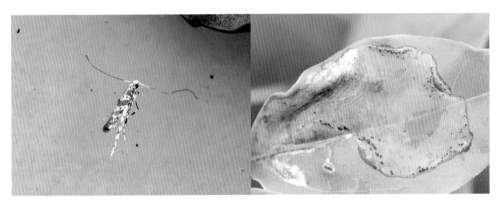

为害症状

仅为害当年新生叶片，以初孵幼虫潜入叶面表皮啃食叶肉，形成黄褐色虫道。随虫龄增大，被害虫道扩大成虫斑，一片叶通常有 3 ~ 5 个虫斑，多者可达 6 ~ 8 个，并能相互连通，虫斑面积可占叶面的 1/2 以上，严重影响寄主植物的生长。

形态特征

（1）**成虫** 头和颊白色，唇须白色，有不明显的淡灰色斑点，下颚须退化。触角基部为白色，其余各节为褐色，节间具淡色环。前翅狭长，白色，具 4 条黄褐色至褐色的斜斑，其间有分散的黑色鳞片；翅端部有紫色小点，翅中上部至端部边缘多灰色缘毛，翅后缘由一些暗色鳞毛交叉环绕；后翅灰色，全翅边缘密生灰白色缘毛。

（2）**卵** 椭圆形，乳白色，近孵化时颜色变黄。

（3）**幼虫** 初孵幼虫体扁，乳白色，上颚黄色发达，体色随虫龄的增加而变深。

（4）**蛹** 棕红色，后转为褐色，离蛹，前额上有一黑色角状突起，蛹外被淡黄色薄茧。

发生规律

一年发生 7 ~ 8 代，世代重叠。以蛹在地表落叶、杂草和树皮缝中结茧越冬。

翌年 2 月底至 3 月初羽化后上树交配产卵。卵散产于当年生初展的嫩叶表面，幼虫孵化后立即潜入叶表皮下取食叶肉。3 月上中旬为成虫羽化盛期。

●防治方法

（1）虫量小时可人工摘除虫苞集中处理。

（2）幼虫发生盛期叶片喷施 1.8% 阿维菌素乳油 3 000 倍液或 1.8% 爱福丁乳油 3 000 倍液。

樟巢螟

拉丁学名：*Orthaga achatina* Butler
别　　名：樟丛螟、樟叶瘤丛螟、栗叶瘤丛螟
分类地位：鳞翅目（Lepidoptera）螟蛾科（Pyralidae）巢螟属（*Orthaga*）
寄主植物：樟树、山苍子、栗、山胡椒、天竺桂、肉桂、乌药
分布地区：江苏、浙江、上海、福建、江西、湖南、广东、广西、云南等省区市

为害症状

主要以幼虫吐丝结巢，将新梢枝叶缀结在一起，连同丝、粪粘成一团，在巢内取食叶片和嫩梢，发生严重时可将寄主植物叶片吃光，残留枝梗，树冠上到处可见枯黄色的鸟巢状虫包，严重影响寄主植物的正常生长。

形态特征

（1）成虫　体长12毫米，翅展23～30毫米，头、胸、体部灰褐色，前翅前缘中央有一淡黄色斑，内横线斑状，外横线曲折波浪状；后翅棕灰色，头部和全身灰褐色。雄成虫头部两触角间着生2束向后伸展的锤状毛束。

（2）**卵**　椭圆形，略扁平，黄褐色，集中排列成鱼鳞状。

（3）**幼虫**　老熟幼虫长 20 ～ 23 毫米，体棕黑色，中胸至腹末背面有 1 条灰黄色宽带，气门上线灰黄色，各节有黑色瘤点，点上着生刚毛 1 根。

（4）**蛹**　棕褐色，菱形，体长 10 ～ 15 毫米，腹末尖，具钩状臀刺。

（5）**茧**　扁椭圆形，土黄色或土褐色，长 8 ～ 14 毫米。

发生规律

一年发生 2 代，第 1 代整齐，第 2 代有少数出现世代重叠现象，以老熟幼虫在被害寄主树冠下的松土层内结茧越冬。翌年 5 月中旬始见成虫，成虫具有趋光性，夜出活动，飞翔力不强。成虫产卵主要在树冠外层枝叶繁茂的叶片背面前半部和叶缘处，以数片叶紧贴处卵最多，少数产在虫苞外层的新叶上，但越冬羽化的成虫不在前一年的老虫苞上产卵，卵呈鱼鳞状排列。初孵幼虫以卵壳为食，后群集啃食叶肉，2 ～ 3 龄幼虫边食边吐丝将叶片、枝条和虫粪卷结成 10 ～ 20 厘米大小不等的虫巢。同一巢穴内虫龄相差很大，每巢穴有幼虫 2 ～ 20 头，每个巢穴用 3 ～ 10 片叶。幼虫深居巢穴内，用丝结成虫道，幼虫在虫道内栖息。受震时，幼虫吐丝离巢，悬空荡漾或坠地逃逸；白天不动，傍晚取食，当巢边叶片食完后，则另找新叶建巢。

●**防治方法**

（1）人工摘除虫巢，集中烧毁。

（2）利用成虫趋光性用黑光灯诱杀成虫。

（3）保护和利用天敌，卵期天敌有赤眼蜂，蛹期天敌有甲腹茧蜂等。

（4）幼虫活动期（7 月上旬至 9 月上中旬）傍晚喷施 5% 氯虫苯甲酰胺悬浮剂 800 倍液、20% 灭幼脲Ⅲ号 2 000 倍液或 Bt 乳剂 500 ～ 800 倍液。

（5）根据该虫入土化蛹的特性，3 月下旬，在寄主植物根部 30 厘米半径内松土，用 48% 乐斯本乳油 1 000 倍液灌根，以减少翌年第 1 代成虫基数。

（6）用乐斯本、速扑杀、杀虫双等树干打孔用药，或用三唑磷、杀螟松原液或 1∶1 水溶液，对树干小孔注射，通过药物的传输内吸杀灭害虫。

锈纹螟蛾

拉丁学名：*Pyralis pictalis*（Curtis）

分类地位：鳞翅目（Lepidoptera）螟蛾科（Pyralidae）螟蛾属（*Pyralis*）

寄主植物：樟树

分布地区：广东、台湾等省

为害症状

幼虫常将新叶缀结在一起，在虫苞内取食叶片为害。

形态特征

成虫体小，翅展17～18毫米，前翅有2条白色波浪纹，中线内缘黑褐色，外线外缘褐色，中、外线之间为宽型的灰白色横带，中室内有1枚小黑点。

发生规律

不详。

● 防治方法——————————————————

同樟巢螟防治。

茶长卷蛾

· · · · ·

拉丁学名：*Homona magnanima* Diakonoff

别　　名：茶卷叶蛾、褐带长卷叶蛾、东方长卷饿、后黄卷叶蛾、茶淡黄卷叶蛾、柑橘长卷蛾

分类地位：鳞翅目（Lepidoptera）卷蛾科（Tortricidae）长卷蛾属（*Homona*）

寄主植物：樟树、茶、油茶、枇杷、柿、栗、银杏、女贞、栎、椴、落叶松、冷杉、紫杉、咖啡、板栗等植物

分布地区：江苏、安徽、福建、台湾、湖北、四川、广东、广西、云南、湖南、江西、西藏等省区

为害症状

为害寄主植物新抽的嫩芽叶，吐丝将新梢生长点附近的嫩叶缀成一火焰苞状，藏身其中取食嫩叶及生长点。取食叶肉后，留下一层表皮，形成透明枯斑，严重时状如火烧。随着虫龄增大，食叶量大增，虫苞可多达 10 片叶，此时成叶、老叶同样被蚕食。

形态特征

（1）成虫　体暗褐色，雌成虫体长 8～10 毫米，翅展 25～30 毫米，雄成虫体长 6～8 毫米，翅展 16～19 毫米。前翅暗褐色，近长方形，基部有黑褐色斑纹，从前缘中央前方斜向后缘中央后方，有一深褐色褐带，顶角亦常呈深褐色；后翅淡黄色。雌成虫翅明显长过腹末；雄成虫仅能遮盖腹部，且前翅具宽而短的前缘折，静止时常向背面卷折。

（2）卵　椭圆形，扁平，卵块为鱼鳞状单层排列、不规则，上覆胶质薄膜。初产时乳白色，后淡黄色，近孵化时深褐色。

（3）幼虫　1 龄幼虫头黑色，前胸背板和前、中、后足深黄色；2～3 龄幼虫头部、前胸背板及 3 对胸足黑色，体黄绿色；4 龄幼虫头深褐色，后足褐色，其余为黑色；5 龄幼虫头部深褐色，前胸背板黑色，体黄绿色；6 龄幼虫体黄绿色，头部黑色或褐色，前胸背板黑色，头与前胸相接的地方有一较宽的白带。

（4）蛹　雌蛹体长 12～13 毫米，雄蛹 8～9 毫米，纺锤形，黄褐色。末端有臀棘 8 根，端部弯曲。

发生规律

各地发生代数不同，以老熟幼虫在卷叶或杂草内越冬。成虫飞翔力不强，日间常停息于叶片上，夜晚活动；具较强的趋光性，对糖、酒和醋等发酵物有趋性。幼虫孵化后先取食卵空壳，后爬行或吐丝下垂随风飘荡迁移扩散，在爬至嫩梢叶尖过程中吐丝连结数个叶片形成苞。1龄幼虫多取食叶背，留下一层薄膜状叶表皮，不久该表皮破损成为穿孔。2龄末期后多在叶缘取食，被害叶多成穿孔或缺刻。3龄以上取食整片樟树叶，仅留小枝。以5龄幼虫食量最大，约占总食量的90%。幼虫期可多次转苞为害，一般可转苞2～4次，活动性较强，有趋嫩习性。若遇惊扰，即迅速向后移动，吐丝下坠，不久后又沿丝向上卷动。幼虫化蛹于叶苞内。

●防治方法

（1）幼虫3龄前及早采除虫苞，发生严重的林地可在每年早春剪除虫苞，并将剪下的枝叶集中烧毁。

（2）成虫盛发期安装黑光灯或频振式杀虫灯诱杀（每公顷可安装40瓦黑光灯3只），也可用2份红糖、1份黄酒、1份醋和4份水配制成糖醋液诱杀。

（3）生物防治，茶长卷叶蛾质型多角体病毒能有效控制茶长卷叶蛾的为害。

（4）保护天敌，茶长卷叶蛾的捕食性天敌在树枝及叶间巡猎，甚至钻进幼虫的虫苞内主动捕食，主要是蜘蛛类，有三突花蛛（*Misurnenops* sp.）、斑管巢蛛（*Ctaubiona* sp.）、叶斑圆蛛（*Pardusa* sp.）等，寄生性天敌昆虫寄生于老熟幼虫体内，主要有两种姬蜂和广大腿小蜂（*Brachymeria lasus*）。

（5）虫口密度较大时，可喷施100亿个/克青虫菌1 000倍液加0.3%茶枯或0.2%洗衣粉、200亿个/克白僵菌300倍液、10%吡虫啉可湿性粉剂3 000倍液、1%阿维菌素（螨虫清、灭虫丁、爱力螨克等）乳油3 000～4 000倍液、25%除虫脲可湿性粉剂1 500～2 000倍液。

087

棉褐带卷蛾

· · · · · · ·

拉丁学名：*Adoxophyes orana* Fischer von Roslerstamm

别　　名：苹果小卷蛾、远东卷叶蛾、远东苹果小卷叶蛾、东北苹果小卷叶蛾

分类地位：鳞翅目（Lepidoptera）卷蛾科（Tortricidae）褐带卷蛾属（*Adoxophyes*）

寄主植物：樟树、蔷薇、梅花、金丝桃、十字海棠、山茶、茶、扶桑、菊花、海桐、
　　　　　紫薇、苹果、柑橘、脐橙、忍冬、龙眼、苜蓿、榆叶梅和银杏等植物

分布地区：全国大部分地区

为害症状

初孵幼虫群栖在叶片上为害，以后分散为害，并常吐丝缀连叶片成苞，在其中啃食叶肉，造成叶片网状或孔洞，有的还啃食果皮，影响绿化效果。

形态特征

（1）**成虫** 体长 6 ～ 8 毫米，翅展 15 ～ 20 毫米，黄褐色。前翅前缘拱起，外缘较直，顶角不突出，呈长方形，多数为黄褐色，有时暗褐色。近前缘中央处有向缘斜行的暗褐色带，带的末端较宽，分成 2 叉，接近前缘外方向后缘暗褐色的斜带，带的外方颜色较暗，栖息时二前翅褐色斜带并合呈倒"火"字形。后翅暗黄褐色，顶角及沿外缘略带黄色。

（2）**卵** 扁平椭圆形，长径约 0.7 毫米，淡黄色，半透明，孵化前黑褐色，数十粒成块，鱼鳞状排列。

（3）**幼虫** 低龄幼虫淡黄绿色。

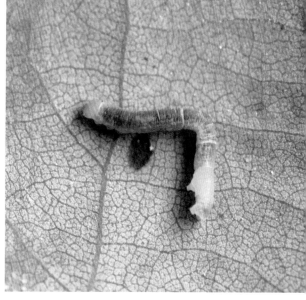

老熟幼虫体长 13 ～ 18 毫米，细长，绿色。头小，淡黄白色，单眼区上方有一棕褐色斑。前胸盾板和臀板与体色相似或淡黄色；胸足淡黄色或淡黄褐色。臀栉 6 ～ 8 齿。

（4）**蛹** 长 9 ～ 11 毫米，较细长，初为绿色，后变为黄褐色。第 2 ～ 7 腹节背面各有两横列刺，前列刺较粗，后列小而密，均不到气门；尾端有 8 根钩状臀棘，向腹面弯曲。

发生规律

以老熟幼虫在枯叶残枝里越冬。成虫昼伏夜出，有趋光性，对果汁、果醋和糖醋液趋性强。卵多产于叶面，亦有产在果面和叶背者。初孵幼虫在叶表取食，后在叶片上吐丝缀叶结成虫苞，每苞由叶片数片至十余片构成。幼虫在虫苞内食叶，虫苞变黄枯死。虫苞最上面的 1 ～ 2 片叶完好，而下面的 2 ～ 4 片叶叶柄从基部脱落，枯死变黑，紧贴在完好叶片的背面。老熟幼虫在虫苞内化蛹，并有吐丝下垂习性，可以从虫苞内转移到其他叶片上为害。

●防治方法

（1）及时摘除虫苞。

（2）用黑光灯诱杀成虫。

（3）保护和利用天敌，卵期有寄生赤眼蜂寄生，幼虫寄生有两种茧蜂，蛹期寄生有大腿蜂，捕食性天敌有蜘蛛、鸟等。

（4）卵孵化盛期，喷施 20% 杀灭菊酯乳油 8 000 ～ 10 000 倍液、2.5 % 溴氰菊酯乳油 3 000 ～ 4 000 倍液。

茶蓑蛾

· · · · ·

拉丁学名：*Clania minuscula* Butler

别　　名：小袋蛾、茶袋蛾、小窠蓑蛾、小巢蓑蛾、茶避债虫

分类地位：鳞翅目（Lepidoptera）蓑蛾科（Psychidae）窠蓑蛾属（*Clania*）

寄主植物：樟树、茶、油茶、柑橘、苹果、樱桃、李、杏、桃、梅、葡萄、桑、枇杷、柿等植物

分布地区：山东、山西、陕西、江苏、浙江、安徽、江西、贵州、云南、福建、台湾、湖北、湖南、广东、广西、四川等省区

为害症状

幼虫在护囊中咬食叶片、嫩梢或剥食枝干、果实皮层，1～2龄幼虫咬食叶肉留下一层表皮，被害叶片形成半透明斑痕；3龄后自叶缘咬食成缺刻，甚至叶脉也一并吞下。发生严重时将叶片全部吃光，并剥食枝皮，造成植株死亡。

形态特征

（1）**成虫** 雌雄异型。雌成虫蛆状，无翅，体长 12～16 毫米，黄褐色，足退化，胸腹部黄白色；头小，褐色；腹部肥大，后胸和腹部第 7 节各簇生一环黄白色绒毛。雄成虫体长 11～15 毫米，翅展 23～30 毫米，体翅均深褐色，触角呈双栉状，胸部、腹部具鳞毛；前翅翅脉两侧色略深，外缘近翅尖处有 2 个透明斑。

（2）**卵** 长椭圆形，乳黄白色。

（3）**幼虫** 体肥大，头黄褐色，两侧有暗褐色斑纹并列；胸腹部肉黄色，胸部各节的硬皮板侧面上方有1条褐色纵纹，下方各有 1 个褐色斑。

（4）**蛹** 雄蛹为被蛹，雌蛹为围蛹，体长 11～18 毫米，黑褐色。

（5）**护囊** 中型，低龄幼虫护囊外缀连叶屑和枯枝碎片；稍大后囊外缀结纵向平行排列长短不一的小枝梗。

发生规律

多以 3～4 龄幼虫，个别以老熟幼虫在枝叶上的护囊内越冬。成虫在下午羽化，雌成虫羽化后仍留在护囊内，雄成虫喜在傍晚或清晨活动，靠性引诱物质寻找雌成虫，找到雌成虫后将腹部插入护囊进行交尾。雌成虫羽化翌日即可交配，交尾后 1～2 天产卵，产卵于囊内蛹壳中。幼虫孵化后从护囊排泄孔爬出，随风飘散到枝叶上，吐丝粘缀碎叶营造护囊并开始取食。1～3 龄幼虫多数只食叶下表皮和叶肉，留上表皮成半透明黄色薄膜，3 龄后咬食叶片成孔洞或缺刻。幼虫老熟后在护囊里倒转虫体化蛹在其中。

●**防治方法**

（1）发现虫囊及时摘除，集中烧毁。

（2）用黑光灯诱杀雄成虫。

（3）保护天敌，如蓑蛾疣姬蜂、松毛虫疣姬蜂、桑蟥疣姬蜂、大腿蜂、小蜂等；还可喷施每克含 1 亿活孢子的杀螟杆菌或青虫菌进行生物防治。

（4）幼虫低龄盛期喷施 25% 灭幼脲Ⅲ号悬浮剂 2 000 倍液、20% 除虫脲悬浮剂 7 000 倍液或 1.2% 烟参碱乳油 1 000 倍液。

大蓑蛾

拉丁学名：*Clania variegata* Snellen

别　　名：布袋虫、吊死鬼、棉避债蛾、大袋蛾、大窠蓑蛾、南大蓑蛾、大背
　　　　　袋虫

分类地位：鳞翅目（Lepidoptera）蓑蛾科（Psychidae）窠蓑蛾属（*Clania*）

寄主植物：樟树、油茶、茶、枫杨、刺槐、柑橘、咖啡、枇杷、梨、桃、法国梧
　　　　　桐等植物

分布地区：江苏、浙江、山东、天津、安徽、福建、河南、湖南、湖北、四川、
　　　　　云南、江西、福建、广东、台湾等省市

为害症状

低龄幼虫咬食叶肉留下一层上表皮，形成不规则半透明斑；长大后即取食叶
片成不规则孔洞。发生较多时，叶片被咬食成千疮百孔，易脱落；发生严重时，
将局部叶片全部吃光，仅存秃枝，甚至引起寄主植物死亡。

形态特征

（1）成虫　雌雄异型。雌成虫无翅，蛆状，乳白色至乳黄色。头极小，淡赤
褐色，胸部和第1腹节侧面有黄色毛，第7腹节后缘有黄色短绒毛。雄成虫翅展
35～44毫米，体翅暗褐色，密被绒毛；触角羽状；前后翅褐色，近外缘有4～5
个透明斑。

（2）**卵**　近圆球形，初为乳白色，后变为淡黄棕色，有光泽。

（3）**幼虫**　共6龄。头暗褐色，胸部黄褐色至灰褐色并有赤褐色纵带，腹部灰褐色至暗褐色。3龄起，雌雄二型明显。雌幼虫头部赤褐色，头顶有环状斑；前、中胸背板有4条纵向暗褐色带，后胸背板有5条黑褐色带；亚背线、气门上线附近具大型赤褐色斑；末龄雄幼虫黄褐色，头部暗色，前、中胸背极中央有1条纵向白带。

（4）**蛹**　雌蛹似围蛹，纺锤形，赤褐色，尾端有3根小刺。雄蛹为被蛹，长椭圆形，初化蛹为乳白色，后变为暗褐色；腹末有1对角质化突起，顶端尖，向下弯曲成钩状。

（5）**护囊**　纺锤形，护囊外常缀附有较大的碎叶片和小枝残梗，排列不整齐。

发生规律

一年发生1代，少数2代。以老熟幼虫在虫囊内越冬。成虫有趋光性，昼伏夜出。雌成虫经交配后在囊内产卵。初孵幼虫先将卵壳吃掉，然后从蓑囊排泄口爬出，扩散到树叶或吐丝下垂随风飘曳到其他作物上，啃食叶片与吐丝粘结成一环状团簇滚套于胸腹交界处，继而不停地咬取叶屑，粘与丝上增结囊环，经30～50分钟与虫体同长的网状蓑囊形成，随之再继续加厚。以后随着虫体增大，蓑囊亦不断加大，蓑囊扩建时，幼虫将囊壁的丝质咬开撕松扩大体积，然后吐丝缀叶增大加厚取食叶肉。1～3龄幼虫多咬食叶肉及表皮致叶成半透明斑，4龄以后则食成穿孔或缺刻，以致蚕食仅留叶脉。

●防治方法

（1）人工摘除虫囊。

（2）用黑光灯诱杀雄成虫。

（3）保护和利用寄生蜂、真菌、细菌及病毒，如南京瘤姬蜂、大袋蛾黑瘤姬蜂、费氏大腿蜂、瘤姬蜂、黄瘤姬蜂和袋蛾核型多角体病毒等。

（4）喷施20%除虫脲悬浮剂7 000倍液等持效期长、无公害内吸性杀虫剂毒杀幼虫。

蜡彩蓑蛾
· · · · · ·

拉丁学名：*Chalia larminati* Heylaerts
别　　名：尖壳袋蛾
分类地位：鳞翅目（Lepidoptera）蓑蛾科（Psychidae）彩蓑蛾属（*Chalia*）
寄主植物：樟树、桉树、油桐、油茶、板栗、龙眼等植物
分布地区：广东、广西、海南、福建、江西、安徽、湖南、四川、云南、贵州等
　　　　　省区

为害症状

幼虫群集取食，为害寄主植物的叶片、嫩梢树皮及幼果等。初龄幼虫仅啃食叶肉，残留表皮，使受害叶呈现不规则透明斑。2 龄后幼虫将叶片吃成缺刻或孔洞，严重时将全树或局部林分叶片吃光，影响寄主生长。

形态特征

（1）成虫　雄成虫体长 6 ～ 8 毫米，翅展 18 ～ 20 毫米。头、胸部灰黑色至黑色，腹部银白色；前翅基部白色，前缘灰褐色，余黑褐色；后翅白色，前缘灰褐色。雌成虫蛆状，无翅无足，圆筒形或长筒形，黄白色。

（2）卵　椭圆形，米黄色。

（3）幼虫　老熟幼虫体长 16 ～ 25 毫米，头部或各胸节、背中线、腹节毛片及第 8 ～ 10 腹节背面均呈灰黑色，其余黄白色。

（4）蛹　雌蛹体长 15 ～ 23 毫米，长圆筒形，全体光滑，头部、胸部和腹部末节背面黑褐色，其余黄褐色。雄蛹体长 9 ～ 10 毫米，头部、胸部、触角、足、翅芽及腹部背面黑褐色，腹部腹面及腹部背面节间灰褐色。

（5）护囊　尖圆锥形或长铁钉形，蓑囊末端尖，囊外无碎叶、枝梗。

发生规律

一年发生 1 代，以老熟幼虫在护囊内越冬。幼虫孵出后爬离护囊，吐丝吊垂，随风飘散或爬上枝叶，吐丝作囊，并匿居其中，护囊随幼虫体长大而增大。幼虫取食时，头部伸出囊口，身仍藏在囊中，虫体移动时负囊而行；越冬期，幼虫吐丝将护囊缚在枝干或叶背，并封闭袋口。4 月下旬至 5 月上旬为幼虫大量孵化期，6—7 月为害最重。

●防治方法

（1）结合冬季清园时摘除护囊或及时发现为害中心，人工摘除虫囊和捏杀囊袋内的虫体。

（2）及早掌握初龄幼虫期，用药喷施为害中心区，有效药剂有菊酯类药剂、1 亿孢子菌 / 毫升青虫菌液，在早、晚喷杀。

茶褐蓑蛾

· · · · ·

拉丁学名：*Mahasena colona* Sonan
别　　名：茶褐背袋虫、褐蓑蛾
分类地位：鳞翅目（Lepidoptera）蓑蛾科（Psychidae）墨蓑蛾属（*Mahasena*）
寄主植物：樟树、茶、油茶、油桐、扁柏、刺槐、桐花、秋茄、无瓣海桑等植物
分布地区：江苏、浙江、安徽、江西、福建、湖南、湖北、河南、广东、海南、
　　　　　广西、贵州、云南、四川、山东、台湾等省区

为害症状

　　幼虫负囊取食寄主植物叶片，1 ～ 4 龄幼虫只取食寄主植物的叶肉，留下上表皮和下表皮；5 龄后把叶片咬食成缺刻或孔洞。在食料不足的情况下，越冬后幼虫取食嫩梢或树枝的表皮，造成枝条生长瘦弱或枯死。

形态特征

　　（1）成虫　雄成虫体长约 15 毫米，翅展 24 毫米，体翅褐色，腹部有金属光泽，翅面无斑纹。雌成虫蛆状，体长约 15 毫米，头淡黄色，体乳黄色。

　　（2）卵　椭圆形，乳黄色。初产时呈黄白色，后渐变为乳黄色，近孵化时变为灰白色，同时可以看到黑色头点。

　　（3）幼虫　共 9 ～ 10 龄（雌虫均为 9 龄）。头部褐色，上面散生黑褐色斑纹，胸节背板淡黄色，上面有褐色斑纹，腹部黄褐色，臀板黄色。

　　（4）蛹　雌蛹圆筒形，两端赤褐色，尾端有刺 3 枚；雄蛹长椭圆形，深褐色，翅芽伸达第 3 腹节中部，2 ～ 5 腹节背面后缘有一横列细毛，第 8 腹节背面前缘一横列小刺，尾部弯曲，臀刺二分叉。

（5）**护囊** 长 10～12 毫米，斗笠状，枯褐色，丝质、疏松，囊外缀附有碎叶片，略呈鱼鳞状松散重叠。

发生规律

各地均一年发生 1 代，以幼虫在护囊内越冬。雌成虫产卵前先用尾部将尾毛贴在蛹壳上，然后靠身体的收缩将卵全部产在蛹壳内。产卵完毕后，用尾毛将卵覆盖，雌成虫脱离蛹壳，从护囊尾端掉出后而死亡。初孵幼虫并不立即爬出护囊，不取食卵壳。刚从护囊中爬出的幼虫，立即在母体护囊上寻找适当的场所结织护囊，护囊结好，稍停后从母体护囊上分散活动，开始独立生活。幼虫活动范围较窄，且开始有向上爬的习性，所以幼虫集中的上部叶片边缘吐丝多，称"白色"边缘。幼虫畏强光，大多在寄主植物的中、下部取食，群集活动。

●**防治方法**

（1）人工摘除护囊集中销毁。

（2）利用雄成虫趋光性，用黑光灯诱杀。

（3）保护和利用天敌，如大眼蝉长蝽主要捕食茶褐蓑蛾低龄幼虫，螳螂主要捕食 4～5 龄幼虫。

（4）喷施每克含 1 亿活孢子的杀螟杆菌或青虫菌进行生物防治。

（5）在幼虫低龄盛期喷施 25% 灭幼脲Ⅲ号悬浮剂 2 000 倍液、20% 除虫脲悬浮剂 7 000 倍液或 1.2% 烟参碱乳油 1 000 倍液。

白囊蓑蛾

· · · · · ·

拉丁学名：*Chalioides kondonis* Matsumura
别　　名：白囊袋蛾、白蓑蛾、白袋蛾、白避债蛾、棉条蓑蛾、橘白蓑蛾
分类地位：鳞翅目（Lepidoptera）蓑蛾科（Psychidae）囊蓑蛾属（*Chalioides*）
寄主植物：樟树、柑橘、苹果、龙眼、荔枝、枇杷、杧果、核桃、椰子、梨、梅、
　　　　　柿、枣、栗、茶、油茶、大豆、油桐、扁柏、女贞、桉树、枫杨、乌
　　　　　桕、木麻黄、松、柏、杨、柳、榆、竹等植物
分布地区：长江流域以南地区及山西、河南、河北等省

为害症状

以初龄幼虫啃食叶肉，残留外表皮，使受害叶呈现出半透明不规则斑块；2龄后将叶片吃成很多孔洞、缺刻或仅留叶柄、主脉，严重影响树势。

形态特征

（1）成虫　雄成虫体长8～10毫米，翅展18～24毫米。胸、腹部褐色，头部和腹部末端黑色，体密布白色长毛。触角栉形。前、后翅均白色透明，前翅前缘及翅基淡褐色，前、后翅脉纹淡褐色，后翅基部有白毛。雌成虫体长约9毫米，黄白色，蛆状，无翅。

（2）卵　细小，椭圆形，黄白色。

（3）幼虫　老熟时体长约30毫米，虫体较细长。头部褐色，有黑色点纹。躯体各节上均有深褐色点纹，规则排列。

（4）蛹　雌蛹深褐色，长筒形。雄蛹具有翅芽，赤褐色，纺锤形。

（5）护囊　长圆锥形，灰白色，全用虫丝缀成，不附任何枝叶及其他碎片。

发生规律

一年发生1代，以老熟幼虫在护囊中越冬。越冬幼虫于翌年2月下旬后开始化蛹，4月上、中旬为成虫羽化盛期。6月中旬至7月中旬化蛹，6月底至7月底羽化，稍后产卵。幼虫于7月中、下旬开始出现，8月上旬至9月下旬为幼虫主要为害期。幼虫多在清晨、傍晚或阴天取食。低龄幼虫只食叶肉，使叶片形成半透明的枯斑。大龄幼虫将叶吃成缺刻，严重时仅留叶脉。

 ●防治方法

同蜡彩蓑蛾防治。

丽绿刺蛾

· · · · · ·

拉丁学名：*Latoia lepida*（Cramer）

别　　名：青刺蛾、绿刺蛾、辣龟

分类地位：鳞翅目（Lepidoptera）刺蛾科（Limacodidae）绿刺蛾属（*Latoia*）

寄主植物：樟树、茶、梨、柿、枣、桑、油茶、油桐、苹果、杧果、核桃、咖啡、刺槐等植物

分布地区：河北、山西、江苏、浙江、江西、台湾、广东及东北地区

为害症状

1～4龄幼虫仅取食叶背之表皮及叶肉，被害叶由于仅留上表皮而成为白色之斑块或全叶枯白，极易识别。5龄时开始取食全叶，食叶呈较平直缺刻，严重的把叶片吃至只剩叶脉，甚至叶脉全无。

形态特征

（1）成虫　体长10～17毫米，翅展35～40毫米，头顶、胸背绿色。前翅绿色，前缘基部尖刀状斑纹和翅基近平行四边形斑块均为深褐色，带内翅脉及弧形内缘为紫红色，后缘毛长，外缘和基部之间翠绿色；后翅内半部米黄色，外半部黄褐色。前胸腹面有2块长圆形绿色斑，腹部及足黄褐色，前足基部两侧各有1簇绿色毛。

（2）卵　扁平，光滑，椭圆形，浅黄绿色，呈鱼鳞状排列。

（3）幼虫　老熟幼虫绿色。体背中央有3条暗绿色和天蓝色连续的线带，体侧有蓝灰白等色组成的波状条纹。前胸背板黑

色，中胸及腹部第 8 节有蓝斑 1 对，后胸及腹部第 1 节、第 7 节有蓝斑 4 个；腹部第 2～6 节有蓝斑 4 个，背侧自中胸至第 9 腹节各着生枝刺 1 对，每个枝刺上着生 20 余根黑色刺毛，第 1 腹节侧面的 1 对枝刺上夹生有几根橙色刺毛；腹节末端有黑色刺毛组成的绒毛状毛丛 4 个。

（4）**蛹** 椭圆形，深褐色。

（5）**茧** 棕色，较扁平，椭圆或纺锤形，灰褐色，茧壳上覆有黑色刺毛和黄褐色丝状物。

发生规律

一年发生 2～3 代，以老熟幼虫在茧内越冬。成虫有趋光性，雌成虫喜欢晚上把卵产在嫩叶的叶背上，十多粒或数十粒排列成鱼鳞状卵块，上覆一层浅黄色胶状物。初孵幼虫群集于卵块的附近，取食时成行排列。2～4 龄有群集为害的习性，整齐排列于叶背，啃食叶肉留下表皮及叶脉，使叶片呈透明薄膜状；4 龄后逐渐分散取食，吃穿表皮，形成大小不一的孔洞；5 龄后幼虫食量骤增，自叶缘开始向内蚕食，形成不规则缺刻，严重时整个叶片仅留叶柄。幼虫老熟后第 1 代多于叶背结茧，第 2～3 代多在树枝、树干上结茧，茧在树干树枝上的多群集，在叶上的多分散。

●**防治方法**

（1）用灯光诱杀成虫。

（2）人工挖茧或摘除幼龄幼虫叶。

（3）保护和利用天敌，如猎蝽和寄生蜂对丽绿刺蛾的寄生率较高，还可利用颗粒体病毒进行生物防治。

（4）幼龄幼虫期喷施 3% 高渗苯氧威乳油 3 000 倍液。

梨刺蛾

• • • • •

拉丁学名：*Narosoideus flavidorsalis*（Staudinger）

别　　名：梨娜刺蛾

分类地位：鳞翅目（Lepidoptera）刺蛾科（Limacodidae）娜刺蛾属（*Narosoideus*）

寄主植物：樟树、杨柳、茶、油茶、乌桕、樱桃、枣、核桃、柿、枫杨、苹果等90多种植物

分布地区：河北、山西、江苏、浙江、江西、台湾、广东及东北地区

为害症状

幼虫将叶片吃成很多孔洞、缺刻，或仅留叶柄、主脉，严重影响树势。

形态特征

（1）成虫　体长14～16毫米，翅展29～36毫米，黄褐色。雌成虫触角丝状，雄成虫触角羽毛状。胸部背面有黄褐色鳞毛；前翅黄褐色至暗褐色，外缘为深褐色宽带；前缘有近似三角形的褐斑；后翅褐色至棕褐色，缘毛黄褐色。

（2）卵　扁圆形，白色，数十粒至百余粒排列成块状。

（3）幼虫　老熟幼虫体长22～25毫米，暗绿色。各体节有4个横列小瘤状突起，其上生刺毛；其中前胸、中胸和第6～7腹节背面的刺毛大而长，形成枝刺，伸向两侧，黄褐色。

（4）蛹　黄褐色，体长约12毫米。

（5）茧　椭圆形，土褐色，长约10毫米。

发生规律

一年发生1代，以老熟幼虫在土中结茧，以前蛹越冬，翌年春季化蛹，7—8月出现成虫。成虫昼伏夜出，有趋光性，产卵于叶片上。幼虫孵化后取食叶片，发生盛期为8—9月。幼虫老熟后从树上爬下，入土结茧越冬。

●防治方法

（1）幼虫群集为害期人工捕杀。

（2）利用黑光灯诱杀成虫。

（3）秋冬季摘虫茧，放入纱笼，保护和引放寄生蜂；用每克含孢子100亿的白僵菌粉0.5～1千克在雨湿条件下防治1～2龄幼虫。

（4）幼虫发生期及时喷施2.5%鱼藤酮乳油300～400倍液或1.2%烟参碱乳油1 000倍液。

三点斑刺蛾

· · · · · · ·

拉丁学名：*Darna furva*（Wileman）

别　　名：赭刺蛾

分类地位：鳞翅目（Lepidoptera）刺蛾科（Limacodidae）斑刺蛾属（*Darna*）

寄主植物：樟树等植物

分布地区：广东、台湾等省

为害症状

幼虫将叶片吃成很多孔洞、缺刻或仅留叶柄、主脉，严重影响树势。

形态特征

（1）成虫　前翅灰褐色，密布褐色鳞，中央有 1 条黑色的斜纹但不达前缘，中室端有 1 枚眉形横斑，内侧具黄褐色横斑，亚外缘线黑褐色，近顶角于前缘上有 1 枚不明显的黄褐色斑。

（2）幼虫　体背黑色，中央有 1 条白色的纵纹，腹侧绿色，体侧周围有灰白色或黄褐色的毛刺。

发生规律

不详。

●防治方法--

同梨刺蛾防治。

窃达刺蛾

· · · · ·

拉丁学名: *Darna trima*（Moore）

分类地位: 鳞翅目（Lepidoptera）刺蛾科（Limacodidae）斑刺蛾属（*Darna*）

寄主植物: 樟树、油茶、茶、米老排、火力楠、桂花、木荷、重阳木、香梓楠、楠木、柑橘、核桃、柿子等植物

分布地区: 福建、广东、广西、湖南、浙江、安徽、江西、贵州、云南、台湾等省区

为害症状

以幼虫取食叶片，大发生时可吃光寄主植物叶片，虽不致死，但严重影响植株生长发育及绿化效果。

形态特征

（1）**成虫**　雌成虫体长 8 ～ 10 毫米，翅展 18 ～ 22 毫米，触角丝状；雄成虫体长 7 ～ 9 毫米，翅展 16 ～ 22 毫米，触角羽毛状。头部灰色，复眼大，黑色；胸部背面有几束灰黑色长毛，腹部被有细长毛。前翅灰褐色，有 5 条明显的黑色横棘，后翅暗灰褐色。

（2）**卵**　淡黄色，椭圆形，质软。

（3）**幼虫**　低龄幼虫体背棕褐色，腹面淡黄绿色，亚背线淡棕色。老熟幼虫体长 12 ～ 16 毫米，体扁平，鞋底形，胸部最宽，可达 5 毫米，向体后端逐渐缩小。头小，淡褐色，缩入前胸。体背面褐色，腹面橘红色；前胸盾黑色，后胸背 2 枝刺之间有黑斑；背线淡褐色；亚背线部位着生 10 对枝刺，棕色；中胸上的 1 对枝刺较大，上生棕褐色刺毛，其余枝刺上的刺毛基部及端部黑色，中段白色；亚背线部位尚有黑斑多个；体两侧尚具有枝刺 10 对，第 1 ～ 2 对为棕褐色，第 3 对及第 8 对为黑色，其余枝刺均白色透明；腹部第 3 ～ 6 节体侧及腹末白色，腹末有 2 个黑斑，对称排列。

（4）**蛹**　蛹体端半部乳白色，基半部棕褐色；除翅外，其余附肢白色。

（5）**茧**　卵圆形，灰褐色，坚硬，长 8 ～ 10 毫米，宽 6 ～ 8 毫米，茧壳上附有黄色毒毛。

103

发生规律

广东一年发生 3 代，以幼虫在叶背面越冬。成虫白天喜栖息在阴凉的灌木丛中，晚上活跃，有趋光性。刚孵化的幼虫只取食叶表皮，把叶咬成透明的小洞，随着虫龄增长，把叶片吃光后再转移至其他叶片。化蛹前 1 天停止取食，爬至树根上方及附近的枯枝落叶层中化蛹。化蛹时，虫体逐渐变红，其中背面变成紫红色，腹面变成桃红色，身体逐步卷缩，并吐棕黄色的丝和分泌黏液，粘结成茧。成虫羽化前，蛹活动剧烈，羽化后成虫将茧咬开 1 个圆盖钻出。

●防治方法

（1）保护天敌，寄生性天敌有小室姬蜂、凹面长距姬小蜂，捕食性天敌有猎蝽、中华螳螂等。

（2）幼虫 3 龄前，发生严重时喷施 Bt 乳剂 600 倍液、1.2% 烟参碱乳油 1 000 倍液。

大钩翅尺蛾

. . . .

拉丁学名：*Hyposidra talaca*（Walker）

别　　名：柑橘尺蛾

分类地位：鳞翅目（Lepidoptera）尺蛾科（Geometridae）沟尺蛾属（*Hyposidra*）

寄主植物：樟树、桉树、黑荆等植物

分布地区：广东、广西、海南、福建、贵州、云南等省区

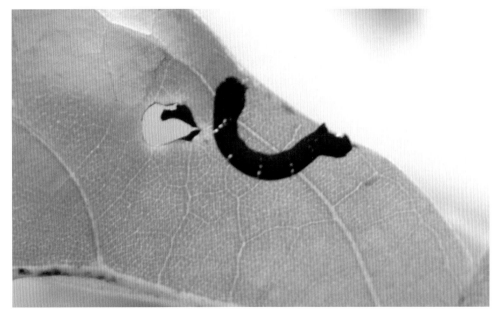

为害症状

1 龄幼虫啃食嫩叶叶肉，残留外表皮，使受害叶呈透明状；2 龄幼虫后食叶呈缺刻状；大龄幼虫喜欢从叶缘始蚕食叶片，可将整叶、全树叶片吃光。

形态特征

（1）**成虫** 雌成虫体长 16.24 ～ 23.58 毫米，翅展 38.12 ～ 56.34 毫米；雄成虫体长 12.32 ～ 17.44 毫米，翅展 28.54 ～ 37.76 毫米。头部黄褐色至灰黄褐色，复眼圆球形，黑褐色。雌成虫触角线状，雄成虫触角羽毛状。体和翅黄褐色至灰紫黑色。前翅顶角外突呈钩状，后翅外缘中部有弱小凸角，翅面斑纹较翅色略深，前翅内线纤细，在中室内弯曲；中线至外线为一深色宽带，外缘锯齿状，亚缘线处残留少量不规则小斑。后翅中线至外线同前翅，但通常较弱；前后翅中点微小而模糊；翅反面灰白色，斑纹同正面，通常较正面清晰。

（2）**卵** 椭圆形，长径 0.7 ～ 0.8 毫米。卵壳表面有许多排列整齐的小颗粒。初产时青绿色，2 天后为橘黄色，3 天后渐变为紫红色，近孵化时为黑褐色。

（3）**幼虫** 老熟幼虫体长 27.3 ～ 45.6 毫米，浅黄色至黄色。头浅黄色，有褐色斑纹。头部与前胸及腹部第 1 ～ 6 节之间背、侧面有 1 条白色斑点带，第 8 腹节背面有 4 个白斑点，腹面有褐色圆斑，臀足之间有 1 个大圆黑斑，腹线灰白色，亚腹线浅黄色。

（4）**蛹** 纺锤形，褐色，长 10.3 ～ 15.0 毫米，气门深褐色，臀棘尖细，端部分为二叉，基部两侧各有 1 枚刺状突。

发生规律

一年发生 5 代，林间世代重叠。以蛹在土中越冬，翌年 3 月中旬成虫开始羽化，第 1 ～ 5 代幼虫分别于 3 月下旬、5 月中旬、7 月上旬、8 月下旬和 10 月中旬孵出，11 月下旬老熟幼虫陆续下地入土化蛹并开始越冬。成虫飞翔能力较强，趋光性中等。卵堆产，多产在嫩梢或树叶上，个别产在树皮裂缝里。初孵幼虫爬行迅速，受惊扰即吐丝下垂。卵孵化时常见幼虫集结成串珠状下垂，经风吹飘荡而扩散。2 ～ 3 小时后即行觅食，1 ～ 2 龄幼虫只啃食叶表皮或叶缘，使叶片呈缺刻或穿孔，3 龄以上幼虫可食整个叶片，还取食嫩梢，常将叶片吃光，仅留秃枝。

●**防治方法**

（1）结合幼林抚育人工捕杀幼虫和松土灭蛹。

（2）实施生物防治，雨季喷白僵菌粉或放粉炮。

（3）保护和利用天敌，幼虫期已知天敌有松毛虫绒茧蜂、蝎蝽和锥盾菱猎蝽，注意保护。

（4）大钩翅尺蛾大发生时，在幼虫 3 ～ 5 龄期，喷施 20% 氰戊菊酯乳油 2 000 倍液、2.5% 溴氰菊酯乳油 4 000 倍液，或用菊酯类农药进行超低容量喷雾。

樟翠尺蛾

• • • • • •

拉丁学名：*Thalassodes quadraria* Guenée

分类地位：鳞翅目（Lepidoptera）尺蛾科（Geometridae）翠尺蛾属（*Thalassodes*）

寄主植物：樟、木荷、杧果、茶等植物

分布地区：福建、浙江、广东、广西、云南、台湾、香港等省区

为害症状

1～2龄幼虫食量甚微，常在叶面啃食叶肉，留下叶脉和下表皮；3龄幼虫食叶成孔洞或缺刻；4龄后食量增大，从叶缘开始取食；5龄幼虫取食全叶，仅留叶柄和主脉，影响樟树的生长。

形态特征

（1）成虫　体长12～14毫米，翅展33～36毫米。头灰黄色，复眼黑色，触角灰黄色，雄成虫触角羽毛状，雌成虫触角丝状。胸、腹部背面绿色，两侧及腹面灰白色。翅绿色，布满白色细碎纹；前翅前缘灰黄色，前、后翅各有白色横线2细条，较直，缘毛灰黄色；翅反面灰白色。前足、中足胫节红褐色，其余灰白色；后足灰白色。

（2）卵　圆形，表面光滑，直径约 0.6 毫米。初产时淡黄白色，后变淡黄色，近孵化时转为紫色。

（3）幼虫　初孵幼虫似叶芽，淡黄色；2 龄后似嫩枝，紫红色中微带绿。老熟幼虫体长 38.4 毫米，紫绿色，静息时臀足握持枝条，胸、腹部斜立，极似寄主小枝丫。幼虫头大，腹末稍尖。头黄绿色，头顶两侧呈角状隆起，后缘有个"八"字形沟纹，额区凹陷。胴部黄绿色，气门线淡黄色，稍明显，其他线纹不清晰。腹部末端尖锐，似锥状。气门淡黄色，胸足、腹足黄绿色。

（4）蛹　体长 17 ～ 21 毫米，紫褐色，后变紫绿色，翅芽翠绿。腹部末端有 1 根叉状臀刺。

发生规律

一年发生 4 代，以幼虫在枝梢上越冬。卵多散产，成虫将卵产于树皮裂缝、枝条下部及叶背上。成虫白天多栖息于树冠枝、叶间，通常在傍晚后开始飞翔活动，趋光性和趋嫩绿性较强。幼虫早、晚取食活动频繁，晴天午后常爬到遮阴处，在叶片边缘停息。初孵幼虫善于爬行，有的吐丝随风飘散，通常将一片叶子食尽后，才转移为害。幼虫停止活动时，多在樟树叶片尖端或叶片边缘处用臀足攀住叶片，身体向外直立伸出，形如小枝。大多数幼虫老熟后吐丝将其附近几片叶缀织在一起，在缀叶中化蛹，化蛹前虫体由淡黄绿色变为紫绿色。

● 防治方法 --

（1）秋冬季结合营林和清园，进行土壤深翻，以消灭部分越冬虫源；或利用幼虫趋嫩枝芽为害特性，将樟树 2 米以下树干上嫩枝芽剪除。

（2）利用黑光灯诱杀。

（3）保护和利用天敌，天敌主要有小茧蜂（*Apanteles* sp.）和叉角厉蝽（*Cantheconidae furcellata*）。

（4）5 月中旬第 1 代幼虫盛发期喷施白僵菌粉，幼林樟树地、苗圃可喷施 25% 灭幼脲Ⅲ号悬浮剂 2 000 倍液或 0.36% 苦参碱水剂 1 000 倍液喷杀低龄幼虫。

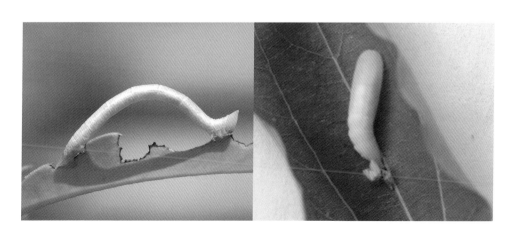

107

绿额翠尺蛾

拉丁学名：*Thalassodes proquadria*（Inouce）

分类地位：鳞翅目（Lepidoptera）尺蛾科（Geometridae）翠尺蛾属（*Thalassodes*）

寄主植物：樟、荔枝、龙眼等植物

分布地区：广东、广西、福建、海南等省区

为害症状

以幼虫为害嫩芽和嫩叶。为害嫩叶时，叶片呈网状孔或缺刻状。影响寄主的光合作用，进而影响树木的生长发育。

形态特征

（1）成虫　体长约12毫米，翅展约30毫米，体色翠绿。前后翅白色，间有灰黑色小点，自前缘至后缘有3条黄褐色波状纹，近外缘的一条最明显。雌成虫触角丝状，雄成虫触角羽状。

（2）卵　椭圆形，蓝绿色，孵化前黑色。卵粒堆叠呈块状，上覆有黄褐色绒毛。

（3）幼虫　体色随环境而异，有深褐色、灰褐色或青绿色。幼虫体细长，老熟前体长60～72毫米，头部密布棕色小斑点，通常除3对胸足外，只在第6腹节及第10腹节各有腹足1对。

（4）蛹　被蛹，棕黄色，头顶有两个角状小突起。

发生规律

广东一年发生4代，以蛹在土中越冬，越冬成虫3月上旬出现。第1代幼虫4月初至5月中旬发生，第2代幼虫6月中旬至7月初发生，第3代幼虫7月上旬至9月上旬发生，第4代幼虫9月下旬至11月初发生。成虫多于雨后夜间羽化出土，夜出活动，飞翔力强，有趋光性。羽化后1～3天交尾产卵。成虫寿命约5天。1龄幼虫取食叶肉残留表皮，2～3龄食叶呈缺刻，4龄后食量剧增，每虫每天可取食8～10片叶。老熟幼虫吐丝下垂或沿树干爬到疏松的土壤中化蛹，入土深度1～3厘米。

●防治方法

（1）利用成虫趋光性，用黑光灯诱杀成虫。

（2）幼虫低龄期喷药防治，如1.8%阿维菌素乳油1 000～2 000倍液、25%溴氰菊酯乳油2 000～2 500倍液。

樟三角尺蛾

拉丁学名：*Trigonoptila latimarginaria*（Leech）

分类地位：鳞翅目（Lepidoptera）尺蛾科（Geometridae）三角尺蛾属（*Trigonoptila*）

寄主植物：樟树

分布地区：湖南、江苏、浙江、江西、四川、台湾、福建、广东、广西等省区

为害症状

以幼虫为害嫩芽和嫩叶，1～2龄幼虫食叶量较少，3～5龄幼虫食叶量明显增加，常将嫩芽和嫩叶取食一空。

形态特征

成虫体灰黄色，前翅长18～21毫米。前、后翅各有1条灰褐色细斜线，由翅后缘向外伸出，形成三角形的两边；前、后翅中室端有小黑点，外线以内灰黄色，外线灰白色。前翅外线外侧至外缘为褐色宽带，顶角具灰黄色三角大斑，三角斑内在翅前缘有1个小黑斑，三角斑底边具银白色细线；后翅外线外侧至亚缘线之间褐色，亚缘线至外缘之间灰黄色。亚缘线曲折波状灰白色。

发生规律

成虫具趋光性，卵散生，黏附在寄主叶背或嫩茎上。高龄幼虫具有明显的假死性。幼虫老熟后吐丝坠落地面，钻入附近土中及草丛基部化蛹。

●防治方法

同绿额翠尺蛾防治。

粗点纹灰尺蛾

拉丁学名：*Catoria olivescens* Moore

分类地位：鳞翅目（Lepidoptera）尺蛾科（Geometridae）灰尺蛾属（*Catoria*）

寄主植物：樟树等

分布地区：广东

为害症状

幼虫食叶呈缺刻状，大龄幼虫喜欢从叶缘开始蚕食叶片，可将全树叶片吃光。

形态特征

成虫翅面浅灰褐色并具褐色鳞，前翅缘上有 3～4 枚小黑点，近基部具稀疏的斑点，其中于中室端的斑点最大，中室后方有 2 条点状横带，后列的横带位于各脉端，后翅斑纹近似前翅，中室内的黑斑最大。

发生规律

不详。

● 防治方法

同绿额翠尺蛾防治。

台湾黄毒蛾

拉丁学名：*Porthesia taiwana* Shiraki
别　　名：毛毛虫、刺毛虫
分类地位：鳞翅目（Lepidoptera）毒蛾科（Lymantriidae）盗毒蛾属（*Porthesia*）
寄主植物：樟树、桉树、油茶、茶、芦笋、番茄、玉米、桃、蒲桃、梨、柑橘、
　　　　　番石榴、桑、杏、梅、柿、咖啡等 70 多种植物
分布地区：广东、台湾

为害症状

　　1 ～ 2 龄幼虫群集食叶成缺刻或孔洞，后分散为害叶、花蕾、花及果实。成虫群集吸食汁液。

形态特征

　　（1）成虫　体长 9 ～ 12 毫米，雌成虫较雄成虫大，头、触角、胸、前翅均黄色，前胸背部、前翅内缘具黄色密生的细毛。前翅中央从前缘至内缘具白色横带 2 条，后翅内缘及基部密生淡黄色长毛，腹部末端有橙黄色毛块。

　　（2）卵　球形，初产时浅黄色，孵化前暗褐色。卵块呈带状，每块 20 ～ 80 粒，分成 2 排，粘有雌成虫黄色尾毛。

　　（3）幼虫　橙黄色，体长 25 毫米，头褐色，体节上有毒毛，背部中央生有赤色纵线。

　　（4）蛹　圆锥形，色浅，具光泽。

发生规律

　　广东一年发生 8 ～ 9 代，周年可见各生长期个体。夏季 24 ～ 34 天完成一代，冬季 65 ～ 83 天完成一代。卵块带状，20 ～ 80 粒排列成 2 行，其上附有黄色尾毛。6—7 月为发生盛期，卵期 3 ～ 19 天，幼虫期 13 ～ 55 天，蛹期 8 ～ 19 天，初孵幼虫群栖于植株上，3 龄后逐渐分散。成虫有趋光性。

●防治方法

　　（1）用黑光灯诱杀成虫。

　　（2）幼虫期尤其是 5 月上中旬喷施 20% 除虫脲悬浮剂 7 000 倍液或 1.2% 烟参碱乳油 2 000 倍液。

巨网苔蛾

· · · · · ·

拉丁学名：*Macrobrochis gigas* Walker
别　　名：巨斑苔蛾
分类地位：鳞翅目（Lepidoptera）灯蛾科（Arctiidae）巨网苔蛾属（*Macrobrochis*）
寄主植物：樟树、油茶、紫薇等植物
分布地区：广东、香港等省区

为害症状

以苔藓植物为食，幼虫白天常出现在树干和叶面，其长毛看起来很可怕，但无毒性。

形态特征

（1）**成虫**　翅展 65～80 毫米，头部橙红色，前翅黑色并具白色的条状斑，分 3 条横向排列，合翅时可见前列斑最长，中列斑 4 枚，后列斑点呈不规则的长短条状排列。

（2）**幼虫**　体黑色至蓝黑色，密布成束的灰白色长毛，气孔白色，各脚趾粉红色。

发生规律

成虫出现于 4—6 月，白天或夜晚趋光时可见，喜欢访花。

● 防治方法

利用成虫趋光性，用黑光灯诱杀。

II2

樗蚕

● ● ● ●

拉丁学名：*Philosamia cynthia* Walker et Felder

分类地位：鳞翅目（Lepidoptera）大蚕蛾科（Saturniidae）蓖麻蚕属（*Philosamia*）

寄主植物：樟树、核桃、石榴、柑橘、蓖麻、花椒、臭椿、乌桕、银杏、马褂木、喜树、白兰花、槐、柳等植物

分布地区：东北、华北、华东、西南、华南各地区

为害症状

幼虫取食叶和嫩芽，轻者食叶成缺刻或孔洞，严重时把叶片吃光。

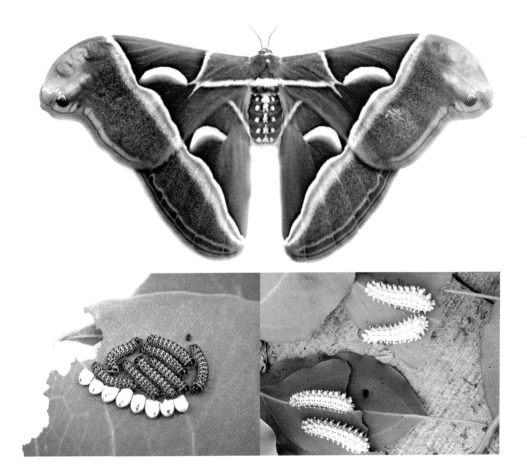

形态特征

（1）**成虫**　体长 25 ～ 33 毫米，翅展 127 ～ 130 毫米。体青褐色。头部四周、颈板前端、前胸后缘、腹部背面、侧线及末端都为白色。腹部背面各节有白色斑

纹 6 对,其中间有断续的白纵线。前翅褐色,前翅顶角后缘呈钝钩状,顶角圆而突出,粉紫色,具有黑色眼状斑,斑的上边为白色弧形。前后翅中央各有 1 个较大的新月形斑,新月形斑上缘深褐色,中间半透明,下缘土黄色;外侧具 1 条纵贯全翅的宽带,宽带中间粉红色、外侧白色、内侧深褐色、基角褐色,其边缘有 1 条白色曲纹。

（2）卵 淡灰黄色,具有不规则的暗褐色斑点,卵壳乳白色,钝端有精孔。

（3）幼虫 低龄幼虫淡黄色,有黑色斑点。中龄后全体被白粉,青绿色。老熟幼虫体长 55 ～ 75 毫米。体粗大,头部、前胸、中胸具对称蓝绿色棘状突起,此突起略向后倾斜。亚背线上的比其他两排更大,突起之间有黑色小点。气门筛淡黄色,围气门片黑色。胸足黄色,腹足青绿色,端部黄色。

（4）蛹 黑褐色,头部较钝,胸部宽大,腹部小而尖。雌雄极易区别,雌蛹腹部末端向后突出成臀棘,上面生有钩棘及肛门,而雄蛹第 9 ～ 10 腹节只有生殖孔和肛门;雌蛹显著大于雄蛹,第 8 ～ 10 腹节分别有生殖孔和产卵孔。茧呈口袋状或橄榄形,长约 50 毫米,上端开口,两头小中间粗,用丝缀叶而成,土黄色或灰白色;茧柄长 40 ～ 130 毫米,常以一张寄主的叶包着半边茧。

发生规律

一年发生 2 ～ 3 代,以蛹藏于厚茧中越冬。成虫有趋光性,飞翔力较强。交尾后的雌成虫产卵于寄主叶背,聚集成堆。1 龄幼虫白天不取食,夜间开始取食。1 ～ 3 龄幼虫有群集性,4 ～ 5 龄分散取食,在枝叶上由下而上,昼夜取食,并可迁移。幼虫老熟后即在树上缀叶结茧,树上无叶时,则下树在地被物上结褐色粗茧化蛹。

●防治方法

（1）人工摘除幼虫和茧。

（2）利用成虫趋光性及飞翔力强特性,用黑光灯诱杀。

（3）3 龄幼虫前喷施 10% 吡虫啉可湿性粉剂 600 ～ 800 倍液,或用 1 亿～ 2 亿孢子 / 毫升的青虫菌、杀螟杆菌液喷雾防治。

樟蚕

拉丁学名：*Eriogyna pyretorum*（Westwood）

别　　名：枫蚕

分类地位：鳞翅目（Lepidoptera）天蚕蛾科（Saturniidae）樟蚕属（*Eriogyna*）

寄主植物：樟树、枫树、枇杷、野蔷薇、沙梨、番石榴、紫壳木及柯树等植物

分布地区：河北、江西、广东、广西、湖南、湖北、江苏、山东、四川、甘肃等省区

为害症状

幼虫取食寄主植物叶片至呈缺刻状，严重时可将叶片吃光，影响树木生长。

形态特征

（1）**成虫**　雌成虫体长32～35毫米，翅展100～115毫米，雄成虫略小。翅灰褐色，前翅基部暗褐色，三角形；前后翅中部各有一眼纹，椭圆形，近翅基方向一头稍大。前翅眼纹外环带蓝黑色，近翅基部方向中环处有不甚明晰之半圆纹，中环土黄色；内层为褐灰色圆斑，圆斑中央有1新月形白色斑。前翅顶角外侧有紫红色纹2条，内侧有黑短纹2条。内横线棕黑色、外横线棕色、双锯齿形。腹、背面密被灰白色绒毛，尾部密被蓝褐色鳞毛。

（2）**卵**　椭圆形，乳白色，初产卵呈浅灰色，长径2毫米左右。数十粒至一二百粒紧密排列成条块状，卵块表面覆有黑褐色绒毛。

（3）**幼虫**　1～3龄幼虫全体黑色，1龄幼虫体表有稀疏毛，2龄幼虫体背呈现枝刺，枝刺尖端长毛，3～4龄幼虫的上述特征更为明显。进入5龄特征十分清楚且基本固定，头部褐色，每节背部至腹侧都长有6个枝刺，端部有5～8根放射状毛，背线呈明显黑色，侧线黑色，腹部淡黄绿色或黄绿色，背部黄绿色与黑色相杂。

（4）**蛹**　纺锤形，黑褐色，体长27～34毫米。外被棕色厚茧。茧为丝茧，淡黄褐色或褐色，纺锤形，结构紧密、牢固，近蛹头部一端留有一隐蔽的羽化孔，由结构相对疏松的丝掩盖。

发生规律

一年发生 1 代，以蛹在茧内越冬。成虫羽化后不久即可交尾，有强趋光性。卵产于枝干上，由几十粒至百余粒组成卵块，卵粒呈单层整齐排列，上被有黑色绒毛，常不易被察觉。1 ～ 3 龄幼虫群集取食，用腹足、臀足攀握住叶片，胸足抱住叶缘，从叶缘开始啃食叶片，将叶食成缺刻，最后剩下叶脉和叶柄；4 龄幼虫开始小面积扩散，取食叶肉和部分支脉；5 龄以后扩散到整株树冠取食，叶肉吃光后还吃叶柄及嫩茎；7 龄幼虫取食量大增，出现株间迁徙取食现象。有群集结茧现象，重叠成块状、堆状，多附在树干中、下部或分杈处下方背阴处。

● 防治方法

（1）利用成虫的强趋光性，于每年 2—3 月成虫羽化盛期，用黑光灯或频振式杀虫灯诱杀。

（2）秋冬季在树干基部（从地面到树干 1.5 米处）用石灰浆或石硫合剂涂干，可消灭卵块。

（3）人工刮除卵块，或利用其蛹期长、结茧密集的特点，于冬季（或 6—7 月）组织人力从树上将茧摘除，集中烧毁，减少越冬虫卵。也可在老熟幼虫下树时人工捕杀。

（4）雨季初期，可采用白僵菌粉剂防治，或喷施苏云金杆菌 1 亿～ 2 亿 / 毫升孢子悬浮液。

（5）低龄幼虫期，喷施 25% 阿维菌素·灭幼脲Ⅲ号悬浮剂 1 500 ～ 2 000 倍液、10% 氯氰菊酯乳油 800 ～ 1 000 倍液、3% 高渗苯氧威乳油 3 000 ～ 4 000 倍液或 1.2% 苦·烟乳油 800 ～ 1 000 倍液。

斜纹夜蛾

拉丁学名：*Spodoptera litura*（Fabricius）

别　　名：莲纹夜蛾、莲纹夜盗蛾、夜盗虫、乌头虫

分类地位：鳞翅目（Lepidoptera）夜蛾科（Noctuidae）灰翅夜蛾属（*Spodoptera*）

寄主植物：樟树、茶、油茶、铁皮石斛等300多种植物

分布地区：中国除青海、新疆未明外，其他各省区市都有分布

为害症状

低龄幼虫群集食害叶肉；高龄幼虫逐渐分散为害，叶片常出现缺刻，呈窗纱状，仅剩留一层表皮和叶脉，发生严重时叶片被吃光。

形态特征

（1）**成虫**　体长14～20毫米，翅展35～46毫米，体暗褐色，胸部背面有白色丛毛，前翅灰褐色，花纹多，内横线和外横线白色、呈波浪状、中间有明显的白色斜阔带纹，所以称斜纹夜蛾。

（2）**卵**　扁平半球状，初产黄白色，后变为暗灰色，呈块状黏合在一起，上覆黄褐色绒毛。

（3）**幼虫**　共6龄，体色变化比较大。虫口密度大时体色较深，多为黑褐色或暗褐色；虫口密度小时体色相对较浅，多位暗灰绿色。体色随幼虫龄期增加而加深。3龄前幼虫体线隐约可见，腹部第1节的1对三角形黑斑明显可见；4龄后体线明显，背线和亚背线呈黄色。沿亚背线上缘每节两侧各有1对黑斑，其中

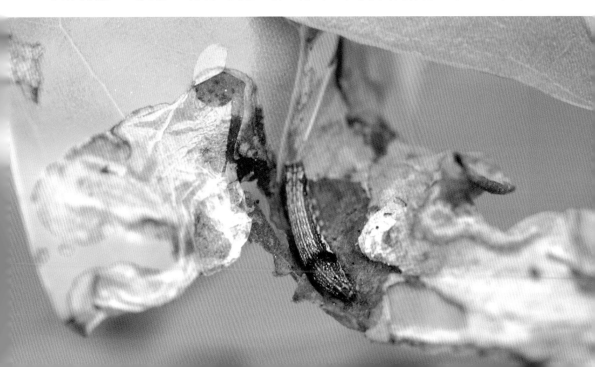

腹部第 1 节的黑斑最大，呈菱形；第 7～8 节的黑斑也较大，为新月形。

（4）蛹　长 15～20 毫米，圆筒形，红褐色，尾部有 1 对短刺。

发生规律

一年发生 4（华北）～9 代（广东），一般以老熟幼虫或蛹在田基边杂草中越冬，广州地区无真正越冬现象。成虫夜出活动，飞翔力较强，具趋光性和趋化性，对糖、醋、酒等发酵物尤为敏感。卵多产于叶背的叶脉分叉处，以茂密、浓绿的作物产卵较多，堆产，卵块常覆有鳞毛而易被发现。初孵幼虫具群集为害习性，3 龄以后则开始分散。老龄幼虫有昼伏性和假死性，白天多潜伏在土缝处，傍晚爬出取食，遇惊即落地蜷缩作假死状。当食料不足或不当时，幼虫可成群迁移至附近田块为害，故又有"行军虫"的俗称。

●防治方法

（1）成虫盛发期，利用成虫趋光性，用太阳能杀虫灯诱杀；或利用成虫趋化性，利用糖醋液（糖∶醋∶酒∶水 =3∶4∶1∶2）加少量菊酯类药剂诱杀。

（2）保护自然天敌，如捕食性和寄生性昆虫、蜘蛛、线虫和病毒微生物等；也可用 20 亿多角体 / 毫升的棉铃虫核型多角体病毒 1 000 倍液或苏云金杆菌可湿性粉剂 500～800 倍液喷施。

（3）在卵块孵化到 3 龄幼虫前喷施药剂防治，可选用 3.2% 高氯·甲维盐微乳剂 2 000 倍液、1.8% 阿维菌素乳油 2 000 倍液、5% 氟啶脲乳油 2 000 倍液、10% 吡虫啉可湿性粉剂 1 500 倍液。

栗黄枯叶蛾

• • • • • • •

拉丁学名：*Trabala vishnou* Lefebure

别　　名：青黄枯叶蛾、绿黄毛虫、青枯叶蛾、栎黄枯叶蛾、绿黄枯叶蛾

分类地位：鳞翅目（Lepidoptera）枯叶蛾科（Lasiocampidae）黄枯叶蛾属（*Trabala*）

寄主植物：樟树、枫香、海南蒲桃、大叶紫薇、蒲桃、洋蒲桃、柠檬桉、白千层、榄仁树、木麻黄、八宝树、柑橘等植物

分布地区：广东、海南、福建、江西、浙江、云南、四川、山西、陕西、河南、台湾、香港等省区

为害症状

低龄幼虫群集叶背取食叶肉，残留叶表皮，4龄后幼虫食量大增，常将叶片食光，仅留叶柄。

形态特征

（1）**成虫**　雌雄异型，雌性明显大于雄性。雄成虫头部绿色，胸部背面淡绿色，略带黄白色，腹部白色；前翅淡绿色，前缘黄色，基部后缘密生白色绒毛，中部略带白色；亚外缘褐绿色小斑点模糊；中纵线淡绿色，缘毛黄白色，端略带褐色；后翅淡绿色，后半部密生白色长绒毛；亚外线1列褐色斑较模糊，中纵线淡绿色，缘毛端褐色。雌成虫有黄绿色和橙黄色两型，头部黄绿色，前翅近三角形。黄绿色型的内、外横线，亚外缘斑列，中室斑点，外缘毛均为褐色，中室至内缘有1个大型褐色斑，外缘波状，腹部末端密生浅黄色肛长毛。橙黄色型的前翅中室端白点清晰，其四周衬黄褐色或黑褐色斑，至后缘有棕褐色大斑，内、外横线深橙色，亚外缘斑列及后翅两条横线均为黑褐色。

（2）**卵**　椭圆形，直径1.6～1.7毫米，灰白色，表面具有灰色斑点，上被白黄色长绒毛。

（3）**幼虫**　头壳紫红色，具黄色纹，额部2条黄色纹粗长，纵向平行；胸部第1节两侧各有1束黑色长毛；体被浓密毒毛；背横带有黄白色相间的长毒毛；腹部第1～2节间和第7～8节间的背部各具有白色长毛；体背各节间具有蓝色斑点，其边缘黑色。腹足红色。结茧前幼虫刚毛粉红色至黄褐色。

（4）**蛹**　赤褐色，长19～22毫米，长椭圆形，翅芽伸达第4腹节中部以下。

蛹末端圆钝，中部有一纵行凹沟，沟的上方密生钩状刺毛。茧长 40～75 毫米，灰黄色，略呈马鞍形，表面附有稀疏的黑色短毛。

发生规律

山西、陕西、河南一年发生 1 代，南方 2 代，以卵越冬，寄主发芽后孵化。初孵幼虫群集于卵壳周围，取食卵壳，经过约 24 小时后，再取食叶肉；1～3 龄幼虫有群集性，食量较小，受惊吓时即吐丝下垂；4 龄后幼虫开始分散活动、取食；5～6 龄食量大增，受惊吓时迅速抬头左右摇摆。成虫昼伏夜出，飞翔能力较强，有趋光性，多于傍晚交配。卵多产在枝条或树干上，常数十粒排成 2 行，粘有稀疏黑褐色鳞毛，状如毛虫。

● **防治方法**

（1）利用成虫趋光性用黑光灯进行诱杀。

（2）保护和利用天敌，如多刺孔寄蝇、黑青金小蜂、舞毒蛾平腹小蜂（卵期）、黑足凹眼姬蜂和细鄂姬蜂（幼虫期）等。

（3）相对湿度较大时，可用白僵菌进行防治。

（4）幼虫发生严重时喷施 20% 除虫脲悬浮剂 7 000 倍液或 48% 乐斯本乳油 3 500 倍液。

120

长喙天蛾

拉丁学名：*Macroglossum* sp.
分类地位：鳞翅目（Lepidoptera）天蛾科（Sphingidae）长喙天蛾属（*Macroglossum*）
寄主植物：樟树等植物
分布地区：广东

为害症状

幼虫食叶成孔洞或缺刻，严重时将叶片吃光，残留叶柄。

形态特征

成虫翅展 50～60 毫米。体棕黑色，下唇须及胸部腹面白色。胸部背面棕褐色；腹部背面棕黑色，尾毛呈刷状，腹面第 1～2 节赭色，其他各节棕褐色，第 4 节两侧有白点；前翅深棕色，各横线棕黑色波状；后翅棕黑色，前缘及后缘黑色，中部有黄色横带；翅反面棕黄色，各线棕色，后翅后缘黄色。

发生规律

不详。

● 防治方法

少量发生，不用防治。

伊贝鹿蛾

拉丁学名：*Syntomoides imaon*（Cramer）

分类地位：鳞翅目（Lepidoptera）灯蛾科（Arctiidae）鹿蛾属（*Syntomoides*）

寄主植物：樟树等植物

分布地区：广东等省区

为害症状

幼虫食叶成孔洞或缺刻，严重时将叶片吃光，残留叶柄。

形态特征

成虫翅展35～40毫米，体背黑色并具蓝色光泽，头胸间具黄纹，腹部有2条黄色环带。外观近似黄颈鹿子蛾，但本种前翅空窗较大，空窗间紧邻，雄成虫体形较小，前翅翅端的空窗列少了一枚，上下的2枚分离，雌成虫是5枚白斑紧邻。雄成虫体形瘦小，前翅下方的白色空窗，上下的2枚分离。雌成虫体形大而肥胖，前翅的空窗较大，近后端的空窗4枚仅邻间隙呈线状。

发生规律

成虫具趋光性，每雌产卵百粒以上，常数十粒聚在叶背。初龄幼虫群集于叶背，取食叶片下表皮至呈半透明，2龄以后分散为害，5龄后食量增大，老熟幼虫在缀叶或落叶间化蛹。

●防治方法

（1）利用灯光诱杀成虫。

（2）幼虫期喷施20%除虫脲悬浮剂7 000倍液。

木兰青凤蝶

· · · · · · ·

拉丁学名：*Graphium doson*（Felder et Felder）

别　　名：木兰樟凤蝶

分类地位：鳞翅目（Lepidoptera）凤蝶科（Papilionidae）青凤蝶属（*Graphium*）

寄主植物：木兰科、番荔枝科、樟科和夹竹桃科植物

分布地区：我国南方各省区

为害症状

以幼虫取食其嫩叶、芽，造成叶面缺刻、孔洞，甚至蚕食整张叶片。虫口密度大时，嫩叶全部被食，严重影响幼树的生长和观赏效果。

形态特征

（1）成虫　翅展 65～75 毫米。体背面黑色，腹面灰白色。翅黑色或浅黑色，斑纹淡绿色；前翅中室有 5 个粗细长短不一的斑纹；亚外缘区有 1 列小斑；亚顶角有单独 1 个小斑；中区有 1 列斑，此斑列除第 3 个外从前缘到后缘大致逐斑递增；中室下方还有 1 个细长的斑，中间被脉纹分割。后翅前缘斑灰白色，基部四分之一断开，紧接其下还有 2 个长斑，走向臀角；亚外缘区有 1 列小斑；外缘波状，波谷镶白边。翅反面黑褐色，部分斑纹银白色，在前翅中室

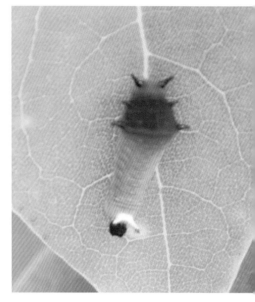

及亚外缘区的斑列有银白色边。后翅中后区的下半部有 3～4 个红色斑纹；有的内缘尚有 1 条红斑纹。

（2）卵　略呈球形，底面稍凹。初产为嫩绿色，后为乳白色，近孵化时为暗色，表面光滑、有弱光泽。

（3）幼虫　共 5 龄。初孵幼虫全体黑褐色。1 龄幼虫头部暗褐色、有光泽，上生黑毛；臭角淡黄色，透明；末端侧面淡褐色；前胸背板黄褐色，但中部暗褐色，左右两侧有 1 对淡橙色的大突起，突起上生"Y"形黑毛；肛上板白色，左右有 1 对白色突起，突起上有许多不分枝的黑毛。老熟幼虫体背面绿色，腹面白色；前胸有 1 对小疣突，翻缩腺玉色，后胸两侧有闪蓝光的疣突，疣突围有黄色杂有红晕的周边，组成 1 个大眼斑；臀节二叉状，其背面淡绿色，端部黑色。

（4）蛹　一般绿色，其颜色可随化蛹场所的颜色变化，接近附着物的颜色。亚背线和气门下线突出，污黄色。胸部两侧各有一小突起，中胸背面角状突出四

棱形，其侧线与气门下线贯通。头顶平，两侧有小突起。翅芽和喙伸达第 4 腹节端部，触角伸达第 4 腹节中部。身体各体节气门下线上有 1 条黄褐色纵线。体色黄绿色，半透明，散生有绿色的小斑点。

发生规律

　　成虫边飞翔边产卵，卵产在嫩叶的正面叶缘处，偶尔产在嫩芽和叶背上，一般 1 片叶产 1 粒卵。初孵幼虫有取食卵壳的习性。1 龄幼虫取食叶面留下表皮，2 龄幼虫能吃穿叶片造成叶片穿孔，3 龄幼虫开始从叶缘取食造成叶片缺刻，4 龄幼虫以后食量大增，能取食整张叶片，5 龄幼虫每天能取食 4～6 片嫩叶。1～2 龄幼虫常停息在取食的叶面上，3 龄以后取食结束后转移到其他老叶上休息。老熟幼虫虫体缩短，排干粪便，最后 1 粒粪黄白色，体半透明，选择老叶的叶背吐丝，将腹部末端粘着于叶片上，再以 1 束细丝束于胸部，将虫体牢牢地系在叶片上化蛹。第 2 代部分蛹有滞育越夏特性。

　　●防治方法

　　（1）保护和利用天敌，如赤眼蜂寄生木兰青凤蝶的卵。

　　（2）虫口密度较大时，人工剪除虫卵叶和利用 1～2 龄幼虫停留在嫩叶表面易于发现的习性人工摘除虫叶等措施。

　　（3）低龄幼虫期，喷施 25% 灭幼脲Ⅲ号胶悬剂 1 500 倍液或 40% 氰戊菊酯乳油 1 000 倍液进行防治。

樟青凤蝶

拉丁学名：*Graphium sarpedon* Linnaeue
别　　名：青带樟凤蝶、蓝带青凤蝶、绿带凤蝶、竹青蝶
分类地位：鳞翅目（Lepidoptera）凤蝶科（Papilionidae）青凤蝶属（*Graphium*）
寄主植物：樟树、楠木、月桂、白兰、含笑、阴香等植物
分布地区：陕西、四川、西藏、云南、贵州、湖北、海南、广东、台湾、香港等省区

为害症状

初孵幼虫在嫩叶背面取食叶肉，3 龄后食量增大，可将叶片吃尽，以 2～3 年生幼树受害最为严重，严重影响植株生长发育和观赏。

形态特征

（1）成虫　翅展 70～85 毫米，翅黑色或浅黑色。前翅有 1 列青蓝色的方斑，

从顶角内侧开始斜向后缘中部，从前缘向后缘逐斑递增，近前缘的 1 个斑最小，后缘的 1 个斑变窄。后翅前缘中部到后缘中部有 3 个斑，其中近前缘的 1 个斑白色或淡青白色；外缘区有 1 列 4～5 个新月形青蓝色斑纹；外缘波

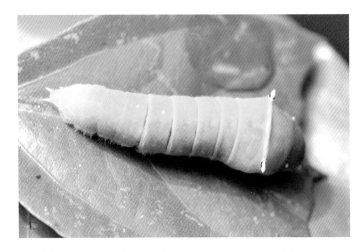

状，无尾突。雄蝶后翅有内缘褶，其中密布灰白色鳞；前翅反面除色淡外，其余与正面相似；后翅反面基部有 1 条红色短线，中后区有数条红色斑纹，其他与正面相似。青凤蝶有春、夏型之分，春型稍小，翅面青蓝色斑列稍宽。

（2）**卵**　球形，底面浅凹，乳黄色，表面光滑，有强光泽，临孵化前颜色加深至褐色。

（3）**幼虫**　共 5 龄。1 龄幼虫尾部呈白色，头部棕黑色，背部有规则地排列着 2 行细绒毛；2～3 龄幼虫均为褐色，但末端白色，体侧和头部有短毛，其体色随幼虫的成长而逐渐变淡，有金属光泽；4 龄幼虫为翠绿色，胸部棘刺近头部形状为等腰梯形，在梯形的 2 个顶角、2 个底角和 2 腰中部共有 6 个黑色硬质突起，头端 2 个突起之间有 1 条黄色横线相连；5 龄幼虫整体绿色，胸部棘刺消失，后胸背面可见黄色眼状斑，尾部浅绿色，有黄棘刺 1 对。

（4）**蛹**　缢蛹。体色依附着场所不同而有绿、褐两型。蛹中胸中央有 1 前伸的剑状突；背部有纵向棱线，由头顶的剑状突起向后延伸分为 3 支，2 支向体侧呈弧形到达尾端，另 1 支向背中央伸至后胸前缘时又二分，呈弧形走向尾端。绿色型蛹的棱线呈黄色，使蛹体似樟树的叶片。

发生规律

一年发生 2～3 代，世代重叠，以蛹悬挂在寄主中下部枝叶上越冬。成虫将卵单产于初萌发嫩叶背面。初孵幼虫有食卵壳习性，后在嫩叶背面取食叶肉；其余各龄幼虫在每次蜕皮后均先以蜕下的表皮为食，然后再取食叶片。幼虫均吐丝在叶面，起固着作用，便于爬动。幼虫喜食嫩叶，通常从枝顶的嫩芽开始进食，进而取食梢下的嫩叶，若枝头再无嫩叶，则会迅速转向另一枝头取食。

●**防治方法**

同木兰青凤蝶防治。

斑凤蝶

拉丁学名：*Chilasa clytia*（Linnaeus）

别　　名：拟斑凤蝶、黄边凤蝶

分类地位：鳞翅目（Lepidoptera）凤蝶科（Papilionidae）斑凤蝶属（*Chilasa*）

寄主植物：樟属植物及潺槁树、玉兰、含笑等植物

分布地区：四川、云南、海南、广东、广西、福建、台湾、香港等省区

为害症状

幼虫在寄主植物叶片上食叶为害。

形态特征

（1）成虫　翅展 80～101 毫米。雌雄异型。雄蝶翅黑褐色或棕褐色，基半部色深；前翅外缘及亚外缘区各有 1 行斑列；顶角和亚顶角处的淡黄白色斑较大，亚外缘区的斑列有的斑错位；后翅外缘波状，在波凹处有淡黄色斑，亚外缘区有 1～2 列新月形或角棱形斑；翅反面棕褐色斑十分清晰。雌蝶翅黑色或黑褐色，所有斑纹淡黄色；前翅斑纹外缘及亚外缘区与雄蝶相同，基部及亚基部有放

射状条纹，中区和中后区的斑纹散乱而大小长短不一；后翅外缘及亚外缘与雄蝶相同，其他斑纹都是顺脉纹呈放射状排列，大部分斑纹端部呈齿状；翅反面与正面相似，但斑纹清楚而色浓。

（2）**卵**　近球形，黄褐色至橙黄色，随胚胎发育渐变至灰黑色。卵表面覆有雌成虫分泌的黏液干燥物，形成不规则的乳突或脊纹。

（3）**幼虫**　共 5 龄。初龄幼虫鸟粪状，头壳黑色，体色黑色，腹部第 3～5节和第 7～8 节背面有显著的白色斑纹。2～4 龄幼虫形态相似，似鸟粪，体表刚毛转变为骨化的棘刺，头壳黑色，虫体沿背中线两侧土黄色，沿背侧线有深黑色斑纹；前胸背板前缘两侧各有 1 短土黄色棘刺，背侧线 2 列棘刺最为发达。5龄幼虫形态上发生显著变化，体表花斑状，色彩鲜艳；前胸背板前缘两侧各有 1个乳白色小突起，基部有大型乳白色斑，扩展至该体节侧面下方，在前胸背板中央及后缘形成 1 "凸" 字形黑斑；中胸至第 6 腹节背中线上有 1 列脊椎状白色斑列；中胸至第 4 腹节体侧各有 1 不规则的白色斑排成 1 列，向后斜上方延伸至第 4 腹节背面与背中线白色斑列交汇；第 7～9 腹节背面黑色，侧面白色；中胸至第 9 腹节背侧线和中胸至第 1 腹节体侧棘刺发达，上部向虫体后方弯曲，基部有粉红色至深红色斑点，除第 9 腹节棘刺为白色外，其余棘刺端部黑色；腹部第 1～8 节气门线与足基线之间有 1 列醒目的粉红色斑，其上有小突起或突起不明显。

（4）**蛹**　缢蛹，圆柱形，黑褐色，无地衣状青灰色斑纹。

发生规律

成虫喜访花。卵产在寄主植物新芽、嫩叶的背腹两面或叶柄与嫩枝上。幼虫孵化后取食卵壳，然后转移到嫩叶边缘取食。5 龄幼虫分散栖息在枝条下部的成熟叶片上。1～5 龄幼虫均栖息在叶片正面，不惧烈日暴晒。老熟幼虫在寄主枝干和附近杂物下化蛹。

● **防治方法**

（1）秋末冬初剪除挂在树上的虫蛹，或 5—10 月人工捕捉幼虫和蛹。

（2）用 7805 杀虫菌或青虫菌 100 亿 / 克 400 倍液喷雾防治幼虫。

（3）1～2 龄幼虫期喷施 20% 除虫脲悬浮剂 7 000 倍液或 1.2% 烟参碱乳油 1 000 倍液。

茶褐樟蛱蝶

· · · · · · ·

拉丁学名：*Charaxes bernardus* Fabficius

别　　名：樟褐蛱蝶、樟白纹蛱蝶

分类地位：鳞翅目（Lepidoptera）蛱蝶科（Nymphalidae）螯蛱蝶属（*Charaxes*）

寄主植物：樟树、天竺桂等植物，尤喜食油樟

分布地区：江西、福建、湖南、浙江、广东、云南等省

为害症状

幼虫啃食寄主植物叶片成缺刻，为害严重的将叶片食光，影响树势。

形态特征

（1）**成虫**　体长 34 ～ 36 毫米，翅展 65 ～ 70 毫米，体背、翅红褐色，腹面浅褐色。触角黑色。后胸，腹部背面，前、后翅缘近基部密生红褐色长毛。前翅外缘及前缘外半部带黑色，中室外方饰有白色大斑，后翅有尾突 2 个。

（2）**卵**　半球形，顶端平截，中央微凹，凹陷内具 21 ～ 25 条放射状纵脊。初产时黄绿色，后边暗红褐色。

（3）**幼虫**　老熟幼虫体长 55 毫米左右，绿色，头部后缘骨突分 4 长枝和 4 短枝，上有小瘤点和刺突；颚片红色。体密布绿色和黄白色小突点，第 3 腹节背

129

中央有 1 椭圆形白斑，越冬时白斑变暗。气门椭圆形，水绿色，不明显；气门下线由淡黄色瘤点组成。腹面色浅，足具白色刚毛。

（4）蛹 悬蛹，体长 25 毫米，粉绿色，稍有光泽，悬挂叶或枝下。腹背有从尾部发出的由白点连成的线条 6 根，尾端瘤点黄色。

发生规律

一年发生 3 代，以老熟幼虫在背风向阳、枝叶茂密的樟树中下部叶片主脉处越冬。翌年 3 月活动取食，4 月中旬化蛹，5 月上旬前后羽化成虫，5 月中旬产卵，5 月下旬幼虫孵化，各代幼虫分别于 6 月、8—9 月及 11 月取食为害。7 月下旬第 1 代成虫羽化，随后交尾、产卵。卵多产于樟树暗绿色老叶正面，一般 1 叶 1 卵，发生多时 1 叶上可产 3 ～ 4 粒。初孵化幼虫先取食卵壳，后爬至翠绿中等老叶上取食。1 ～ 3 龄幼虫食量小，仅啃食叶片边缘造成缺刻；5 龄幼虫可食尽全叶或仅留残叶。2 龄前幼虫活动范围小，仅在栖息的叶片附近取食；3 龄后活动力增强，饱食后再回原叶片栖息。幼虫除取食外，其余时间均固定在一片叶上栖息。该叶从叶柄到叶尖均有幼虫吐出的丝线，虫体栖息部位丝线最稠密。

●防治方法

（1）茶褐樟蛱蝶卵期有拟澳洲赤眼蜂寄生，幼虫期有病毒病流行，此外，保护螳螂、蜻蜓、胡蜂、蚂蚁等天敌，可抑制虫害的发生。

（2）严重发生时在低龄幼虫期喷施 20% 除虫脲悬浮剂 7 000 倍液或 1.2% 烟参碱乳油 1 000 倍液。

黄斑弄蝶

· · · · ·

拉丁学名：*Potanthus confucius* Felder

分类地位：鳞翅目（Lepidoptera）弄蝶科（Hesperiidae）黄斑弄蝶属（*Potanthus*）

寄主植物：樟树等植物

分布地区：湖北、湖南、安徽、江西、浙江、福建、台湾、广东、广西、海南、云南等省区

为害症状

幼虫在寄主植物叶片上单叶卷筒为害。

形态特征

（1）成虫　雄蝶前翅长为 12 毫米，翅面深黑色，黄斑宽阔，翅前缘下方和翅后缘上方各有长条形黄色条斑 1 枚，在前翅中室内具有大型、近似扁月形的黄斑 1 枚；翅背面的黄斑略同翅面，后翅长 9.5 毫米，翅面黑色，中域区饰有宽阔的"一"字形黄斑 1 枚，其上方具有黄色圆点 2 枚，分别位于中室外端及第 7 翅室中部。雌蝶前翅长为 11 ～ 15 毫米，翅面斑纹与雄蝶基本相同，只是前翅前缘下方的黄色条斑不太明显。雌、雄蝶后翅底面均为黄色，上有黑点数个，翅外缘均附有黄色缘毛。

（2）卵　半圆球形，顶端略突起，初产时白色，微透明，后逐渐变为灰黑色。

（3）幼虫　头淡黄白色，头正面三角纹和两侧月形纹均为红褐色。体色黄绿色或淡黄绿色，前胸背部有 1 条较细的黑褐色中断横纹，背线深黄绿色，气门线白色。老熟幼虫体暗黄色，头部灰白色，第 1 ～ 2 腹节及末腹节的腹面两侧各有蜡腺 1 枚，预蛹体外有白粉覆盖。

（4）蛹　圆筒形，刚化蛹时体色鲜黄色，后变黄色，头胸交界处两侧各有 1 个突出物，色泽由橘黄色至橘红色，近羽化时为紫红色至黑褐色，尾节末端两侧各有 1 个与小眼点同颜色的突起。

发生规律

一年发生 3 代，以幼虫在朝阳、背风的小山坡和田埂黄茅草上越冬，于翌年 3 月上旬有离苞取食和转苞现象，4 月取食量明显增加，4 月中旬开始化蛹，蛹期约 1 个月，4 月中下旬羽化。

● 防治方法

发生较少，不用防治。

蛀干类害虫

黑翅土白蚁
· · · · · ·

拉丁学名：*Coptotermes formosanus* Shiraki
别　　名：家白蚁
分类地位：等翅目（Isoptera）鼻白蚁科（Rhinotermitidae）乳白蚁属（*Coptotermes*）
寄主植物：樟树、大叶榕、细叶榕、桉树等植物
分布地区：广东、广西、福建、安徽、江苏、浙江、江西、湖南、湖北、四川、
　　　　　海南、台湾、澳门等省区

为害症状

为害林木时，尤喜在古树名木及行道树内筑巢，使之生长衰弱，甚至枯死。

形态特征

（1）**成虫**　有翅成虫体长13～15毫米，翅长20～25毫米。头褐色，近圆形，胸、腹部背面黄褐色，腹面黄色。翅微具淡黄色。

（2）**卵**　椭圆形，乳白色。

（3）**兵蚁**　体长4.5～6.0毫米，头浅黄色，卵圆形，上颚褐色，镰刀形，向内弯曲；囟近圆形，大而显著。工蚁体长4.5～6.0毫米，头圆形，无囟，胸、腹部乳白色。

发生规律

黑翅土白蚁喜温怕冷，喜阴暗而怕阳光，常栖居在通风不良及木材集中处。树木上的白蚁常与附近建筑物上的白蚁密切联系，互相影响。巢大多数筑在树干内，在树上筑的巢通常位于树干基部及主枝分叉附近。一般树龄越老、树干越粗、树木空心，筑巢的可能性就越大。白蚁群体发展到一定阶段，就会产生有翅繁殖蚁。一般在4—6月，特别是在沉闷无风和雨后闷热的黄昏，易发生群飞。成虫有强烈的趋光性。

●防治方法

（1）用干松木制成长、宽、高为 30 厘米×30 厘米×25 厘米的木箱，内放满干松木片，在黑翅土白蚁主要活动的地方，每隔 20～30 米将木箱埋于地下，经 15～30 天，待白蚁诱集较多时，选在前后有 7 天左右晴朗天气条件往诱杀箱内喷氟虫氰药粉，每箱药物控制在 50 克左右，即可达到消灭整个群体的目的。

（2）樟树苗木种植前，将苗木浸泡到绿僵菌复合剂药液中约 1 分钟，提起后即可种植，可防治白蚁为害。

（3）在被为害树木近地面 1 厘米的树干上，用毛刷刷绿僵菌复合剂，可杀死白蚁或阻断白蚁上下。

（4）发生严重地区，将绿僵菌复合剂药液喷淋到植株根部周边泥土 10 厘米范围内，浸透深度 30 厘米左右，并在上边盖上防雨薄膜防止药物流失，在根部形成毒土屏障，以达到阻隔黑翅土白蚁向植株侵害的目的。

樟密缨天牛

拉丁学名：*Mimothestus annulicornis* Pic
分类地位：鞘翅目（Coleoptera）天牛科（Cerambycidae）
密缨天牛属（*Mimothestus*）
寄主植物：樟树
分布地区：广东及其沿海地区

为害症状

以幼虫蛀食樟树树干、枝条，使被害处膨胀，植株疏导组织受破坏，树势衰弱，造成枯枝。

形态特征

（1）**成虫** 雄成虫体长 26 毫米，雌成虫体长 33～39 毫米。全身被覆锈红色或土红色绒毛，鞘翅上有不规则的散生小黑斑点。触角第 1～2 节土红色，节端黑色，其余各节节端黑色，但节基灰白色至灰黄色，第 5 节以下各节下缘密生黑色缨毛。前胸背板有 2 道赤褐色和 3 道黑色相间的纵纹。胸侧刺突细长，顶端尖锐，背板中区密布细刻点，小盾片微凹。鞘翅端缘圆形，鞘翅基部有细密刻点及中等粗刻点。

（2）**卵** 初为乳白色，近孵化时黄色，米粒状，长 7～8 毫米。

（3）**幼虫** 乳白色，头部逐渐转为褐色，中间有波状横线，老熟幼虫体长 85 毫米。

（4）**蛹** 乳黄色，体长 31 毫米。

发生规律

广东一年发生 1 代，以老熟幼虫在木质部越冬。成虫产卵时先咬破树皮造成浅圆形刻槽，随后将产卵器插入刻槽产卵。每槽仅产 1 粒卵，环绕树干一周排列产卵。初孵幼虫先咬食树的韧皮部，随虫龄增大，幼虫多向上转移及蛀入树干或枝条的木质部。通常幼虫孵化后 1 个月内就钻入木质部，至翌年 4 月下旬老熟幼虫筑蛹室化蛹。

●防治方法

（1）成虫发生期，在产卵季节刺破刻槽的卵或杀死刚孵化的幼虫。

（2）冬春季节，结合修枝剪除被害枝条，捕杀老熟幼虫，减少越冬虫口。

（3）寻找树干上的虫蛀孔，注入杀虫剂，用棉花团或黄泥封闭虫孔。

樟彤天牛

拉丁学名：*Eupromus ruber*（Dalman）
分类地位：鞘翅目（Coleoptera）天牛科（Cerambycidae）彤天牛属（*Eupromus*）
寄主植物：樟树、楠木类植物
分布地区：江苏、浙江、福建、台湾、四川、广东、广西等省区

为害症状

以幼虫环割蛀食樟树树干、枝条，使被害处膨胀，植株疏导组织受破坏，树势衰弱，造成枯枝。

形态特征

成虫体长 21 ～ 25 毫米，宽 6.5 ～ 8.0 毫米，红色。鞘翅上有黑色绒毛斑点，大小不等，每翅上有 10 ～ 12 个，但也有较多或较少的。小盾片灰色，具 2 个红色小斑。触角自第 3 节起，各节基部下缘有灰白色绒毛。前胸背板中央有 1 条无毛纵纹。中胸侧片、后胸腹板两侧、腹板各节两侧及前、中足腿节下面，各具或大或小的朱红色毛斑。

发生规律

两年发生 1 代，于第 3 年的 4 月下旬开始羽化，成虫于 4 月下旬至 7 月下旬出现。5 月下旬至 6 月中旬，成虫环割树枝并产卵于环割处，7 月上旬可见虫粪从环割处向外排泄，以后虫粪量逐渐增多。被天牛蛀食的树枝顶端，从 8 月上旬开始逐渐枯萎，至 8 月下旬树枝被环割以上部分全部枯萎，枝条变黑而干枯死亡。枝条干枯后幼虫继续留在枝条内生长发育至羽化。

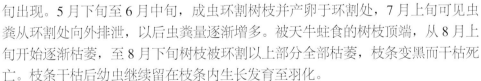

防治方法

（1）将被害树枝以上部分折断集中烧毁。

（2）在成虫产卵前期进行树干及主枝涂白（生石灰 10 份、硫黄 1 份、水 40 份），以防成虫产卵。

（3）成虫羽化期，在树干及枝干部位喷施 8% 氯氰菊酯乳油 200 倍液。

（4）7—8 月幼虫期向虫道内用注射器蛀入汽油，或用樟脑丸破碎后塞入虫洞中，然后用黄泥浆封口毒杀幼虫。

暗翅筒天牛

拉丁学名：*Oberea fuscipennis*（Chevrolat）
别　　名：黄天牛
分类地位：鞘翅目（Coleoptera）天牛科（Cerambycidae）筒天牛属（*Oberea*）
寄主植物：樟树、桑、构树、黄桶树、无花果、野梨、苎麻、长叶水麻等植物
分布地区：广东、江苏、湖南、浙江、广西、江西、河北、河南、西藏、四川、福建、台湾等省区

为害症状

成虫产卵为害枝条端部，幼虫蛀食枝条，一经产卵就可能造成较大的损失。

形态特征

（1）成虫　体长 14～18 毫米，体宽 2.7～3 毫米，近圆柱形，体被淡黄色的绒毛。鞘翅淡褐色，两侧和末端黑色，第 5 腹节末端暗黑色，中后足胫节和跗节常呈褐色。触角黑色。

（2）卵　椭圆形，中间稍凹陷，乳白色、淡黄色或深黄色。

（3）幼虫　蛋黄色，圆筒形，口器框和上颚基部红黑色，上颚端部黑色；上唇淡黄色，端半部多刚毛，其间夹杂数支长毛。

（4）蛹　蛋黄色，圆筒形，刺突与毛褐色，羽化前复眼和后翅芽端部先变为黑色，上颚和爪变为褐色。

发生规律

一年发生 1 代，以老熟幼虫在被害枝条的孔道内越冬。成虫发生于 4 月下旬至 7 月上旬，取食寄主植物的叶脉。产卵于寄主植物的新梢端部，卵期为 8 天。孵化的幼虫依靠蛀食寄主枝条获得营养，先向上蛀食产卵槽上部的枝条，至一定距离后再调头向下蛀食产卵槽以下的枝条，且在向下蛀食过程中多次调头向上蛀食侧枝。

●防治方法

（1）5—6 月剪除产卵梢，在冬季修剪时剪除幼虫蛀食的虫枝，减少虫源。

（2）保护和利用天敌，污翅姬蜂对暗翅筒天牛的寄生率较高，具有一定的利用价值。

赭点长跗天牛

拉丁学名：*Prothema ochraceosignata* Pic

分类地位：鞘翅目（Coleoptera）天牛科（Cerambycidae）长跗天牛属（*Prothema*）

寄主植物：樟树

分布地区：广东、台湾

为害症状

成虫产卵为害枝干，幼虫蛀食枝干内部为害，影响树木生长发育，使树势衰弱。

形态特征

成虫体长 14 毫米，黑色，前胸背板两侧红色。

发生规律

不详。

● 防治方法

（1）清除和烧毁有虫木。

（2）产卵盛期向枝干喷施 3% 高渗苯氧威乳油 3 000 倍液防治。

香樟齿喙象

拉丁学名：*Pagiophloeus tsushimanus* Morimoto
分类地位：鞘翅目（Coleoptera）象虫科（Curculionidae）齿喙象属（*Pagiophloeus*）
寄主植物：樟树
分布地区：上海、福建等省市

为害症状

以幼虫钻蛀植株韧皮部取食为害，蛀道横向分布，受害部位树皮暴突，呈鼓包状突起，有较细小的木屑排出，严重影响树势。

形态特征

成虫暗红棕色至黑色，触角、跗节红棕色，体表稀被铁锈色和白色线状鳞片。前胸背板两侧圆形，中部最宽，端部缩窄成领状，基部二叶状。鞘翅从肩部向端部渐缩窄，端部具明显锐突。

发生规律

上海一年发生 1～2 代，以幼虫在樟树主干和侧枝的韧皮部与木质部之间越冬，5 月末始见成虫。成虫羽化高峰期在 6 月中下旬至 8 月上旬，8 月中旬后以幼虫为主，9 月下旬发现零星成虫、蛹。

●防治方法

（1）5 月幼虫为害期，在受害樟树距地面 20～30 厘米树干部位，斜向下 45°角打 3 厘米深的孔。每株树对角打 2 个孔，每个孔插入 15 毫升打孔注药小管，注入 10 毫升 10% 甲维吡虫啉可溶液剂原液，防治效果可达 77.27%。

（2）7 月成虫产卵期，用 2% 噻虫啉微囊悬浮剂或 3% 高效氯氰菊酯微囊悬浮剂对树干喷雾，8 周后防治效果可达 60% 以上。

（3）利用肿腿蜂、花绒寄甲等寄生性天敌对香樟齿喙象幼虫和蛹开展寄生防治。

檫木长足象

拉丁学名：*Alcidodes* sp.

分类地位：鞘翅目（Coleoptera）象甲科（Curculionidae）长足象属（*Alcidodes*）

寄主植物：樟树、阴香、檫木

分布地区：广东

为害症状

幼虫蛀食植株嫩梢，蛀孔呈排孔状，易被风折枯死，被害嫩梢不能正常发育；成虫取食折断嫩梢，常使其折断枯死。

形态特征

（1）成虫　体粗大，黑色，长 17～20 毫米，宽 5～6.4 毫米。前胸两侧、肩和翅被覆分叉的鳞片和白粉。雌成虫后端背面有细沟。触角着生于喙中间之前，索节第 7 节长大于宽，等于棒长，雌成虫触角索节第 7 节则为棒长的 2 倍。前胸宽大于长，除前缘外，密布很大的颗粒，颗粒顶端着生细毛 1 根。小盾片倒三角形。鞘翅长为宽的 2 倍，除端部 1/4 外，散布有长形坑状刻点。足腿节有弯齿，前端有 2 个钝齿，前足胫节中间之前有钝齿，端齿发达。

139

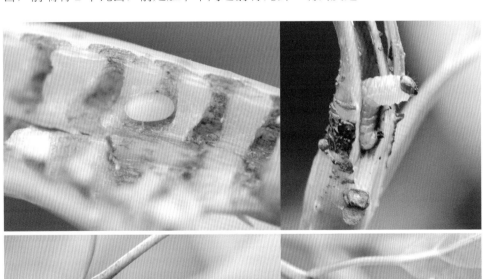

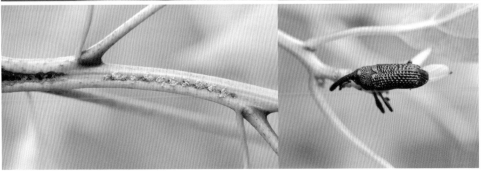

（2）**卵** 长椭圆形，乳白色，卵壳薄、软、光滑。

（3）**幼虫** 老熟幼虫体长 15 ～ 17 毫米，白色，肥胖，弯曲，多皱纹，体躯被覆短毛，气孔明显可见。头正面观近圆形，黄褐色，上颚黑褐色，下颚须 3 节，下唇须 2 节。前胸背板长方形，淡黄褐色。腹部两侧乳状突起上各着生短毛 2 根。

（4）**蛹** 淡黄白色，长椭圆形，长 12.5 ～ 14.1 毫米。蛹体背面有小刺，腹末有臀刺 1 对。

发生规律

广东一年发生 1 代，生活史不整齐。卵、幼虫、成虫均可越冬，但以幼虫、成虫为主。绝大部分成虫在枝干内的蛹室中越冬。越冬成虫于翌年 3 月中下旬取食嫩芽补充营养。成虫不善飞翔，有假死习性，落地后形似鸟粪。4 月上旬开始交配产卵，产卵前先咬 1 长形产卵坑，同时在产卵坑中咬 1 ～ 7 个排成 1 列的产卵孔，产卵孔多为 2 ～ 3 个，然后在孔中产卵 1 粒。产卵坑多分布在枝干阴面。产卵后约 5 天至幼虫孵化期间，坑口由黄褐色胶质物封盖。幼虫 5 个龄期，在枝干内向上蛀食。蛀食期可见条状粪便从为害孔排出，老熟幼虫化蛹前在为害孔口筑 1 封盖造成蛹室，成虫羽化后约 15 天即咬开封盖爬出。

● 防治方法

（1）及时清除烧毁断枝和枯死的枝干，可消灭其中的成虫和幼虫，减轻为害。

（2）成虫发生高峰期（4 月下旬至 6 月中旬、9 月上旬至 10 月下旬）喷施 5% 氯虫苯甲酰胺悬浮剂 1 000 ～ 1 500 倍液进行防治。

黑色枝小蠹

· · · · · ·

拉丁学名：*Xylosandrus compactus*（Eichhoff）
别　　名：咖啡黑枝小蠹、楝枝小蠹、小滑材小蠹
分类地位：鞘翅目（Coleoptera）象甲科（Curculionidae）足距小蠹属（*Xylosandrus*）
寄主植物：广玉兰、悬铃木、樱花、桃、樟树、肉桂等植物
分布地区：广东、海南、福建、广西等省区

为害症状

以雌成虫钻蛀当年生枝条为害，害虫侵入后数周内即可使受害枝条侵入孔前的叶片萎蔫下垂，导致枝条枯死。每条枯死的枝条上虫孔数量不等，蛀孔圆形，直径约 0.8 毫米，通常位于枝条的背面。

形态特征

（1）成虫　雌成虫体长 1.6 ～ 1.8 毫米，圆柱形，初孵化时浅褐色，后颜色逐渐变深，前缘中部缺刻为弧线形。前胸背板上的绒毛瘤区与刻点区均有。小盾片半圆形。鞘翅刻点沟不凹陷，沟中的刻点小圆形，略下陷，排成径直的纵列；鞘翅斜面圆钝弓曲，斜面约占翅长的 1/2；鞘翅绒毛同时发生在沟中和沟间，沟中绒毛略短，贴伏在翅面上，沟间绒毛稍长，直向竖立，两种绒毛各成 1 列，起伏交错地排在翅面上，鞘翅基部绒毛明显少于端部。雄成虫体长较雌成虫短，长 0.8 ～ 1.1 毫米，外形短圆，颜色由初期的浅褐色变为红褐色，不能飞翔，其他特征均不如雌成虫明显。

（2）卵　圆形，光滑，白色。

（3）幼虫　蛴螬状，白色，无足，具两个龄期。

（4）蛹　长度和成虫接近，初期乳白色，后变浅褐色，后期雌蛹可见形成黑

142

色翅。

发生规律

　　成虫在蛀道内羽化后行交配活动，受精雌成虫从侵入孔爬出，雄成虫留在蛀道内直至死亡。雌成虫飞出后寻找新的寄主枝条钻蛀新隧道，隧道短，一般长3～11毫米。同时，雌成虫身上携带的伴生真菌也在隧道壁上生长发育，产卵在松软的菌丝上，一般每隧道有几粒至十几粒卵。初孵幼虫以伴生菌丝为食，约1周后化蛹。

　　●防治方法

　　（1）剪除并销毁受害枝条，以减少下1代虫源。

　　（2）黑色枝小蠹对酒精具有一定的趋性，可以利用这一特性对其开展监测和诱集。

　　（3）白天午间成虫在洞外活动时，可喷施40%毒死蜱乳油1 000倍液、2.5%溴氰菊酯乳油1 000倍液、25%杀虫双水剂1 000倍液。

截尾足距小蠹

· · · · · · · · · ·

拉丁学名：*Xylosandrus mancus*（Blandford）
别　　名：截尾材小蠹
分类地位：鞘翅目（Coleoptera）象甲科（Curculionidae）足距小蠹属（*Xylosandrus*）
寄主植物：樟、栎等植物
分布地区：广东、广西、云南、西藏等省区

为害症状

以雌成虫钻食寄主植物枝干为害，受害枝梢萎蔫枯死。

形态特征

雌成虫体长约 3.2 毫米，圆柱形，宽阔粗壮；鞘翅尾端呈截面状，褐色，鞘翅后半部和截面黑褐色。鞘翅前背方的刻点均匀散布，无沟中与沟间之别；鞘翅截面下半部有缘边，上半部光滑无边，截面本身凹陷，翅缝及第 1 沟间部隆起，高低始终一致；截面刻点沟由 1 列颗粒组成，沟间部遍布密毛，贴伏在斜面上，有如 1 层毛毡。雄成虫体长约 2.2 毫米，背面观体形较扁平，侧面观形如倒扣的木船，中部水平，两端坡下；浅黄褐色；鞘翅长度为前胸背板长度的 1.1 倍，为两翅合宽的 1.2 倍。前胸背板的前部延伸加长，体形扁薄，鞘翅前背方与截面的凹突变化微弱。

发生规律

是一种菌食性小蠹种类，弱寄生性，一年繁殖多代。成虫不直接取食树木组织，在树木的木质部构筑蛀道、产卵。在构筑蛀道的过程中，体表携带的真菌孢子散落在蛀道内开始生长，作为幼虫的食物。为害严重时，树木内真菌的数量也相应增加，菌丝的过度生长，可阻塞寄主植物的维管束，影响树体水分传导，与该虫共同对树体产生为害。

● 防治方法 —————————————————————

同黑色枝小蠹防治。

樟肤小蠹

● ● ● ● ● ●

拉丁学名：*Phloeosinus cinnamomi*（Tsai et Yin）
别　　名：樟树肤小蠹
分类地位：鞘翅目（Coleoptera）象甲科（Curculionidae）肤小蠹属（*Phloeosinus*）
寄主植物：樟树
分布地区：我国南方各地樟树种植区

为害症状

一种树皮小蠹，在樟树的木质部和韧皮部之间取食为害。

形态特征

成虫体长 2.1 ～ 2.8 毫米，无光泽。复眼凹陷较深，两眼间的距离较窄。雄成虫额面下半部深陷，上半部突起，额部底面细网状，中隆线端直、地平、狭窄；额面的刻点呈粒状，分布于下部两侧及上部，中隆线附近光而平。前胸背板长略小于宽，长宽比为 0.9；背板上的刻点突起成粒，分布均匀，点粒的中心生小毛，柔软细弱，伏向背板纵中线。鞘翅长度为前胸背长度的 2 倍，为两翅合宽的 1.4 倍。鞘翅基缘本身稍突起，基缘上的锯齿紧密，大部分锯齿圆钝，外侧锯齿尖锐。刻点沟平浅凹陷，沟底光亮，沟中刻点圆形，明显，刻点间距大于刻点直径；沟间部宽阔，上面的刻点突起成粒，刻点间隔下陷为沟，粒、沟交错，粗糙不平；鞘翅斜面第 1 沟、第 3 沟间部突起，上面的颗粒稍许增大，第 2 沟、第 4 沟间部低平，上面的颗粒消失。斜面上的颗粒雄成虫较雌成虫稍大。

发生规律

一年发生多代，尤其喜为害长势较差的植株，通常是一种弱寄生性的害虫，在局部地区可能会严重发生。

● 防治方法

当虫体数量较多时，可以在树干表面喷施渗透性效果较好的药剂进行防治，或者加入具有较好渗透性的助剂，通过植物的内吸收作用使药物进入，从而达到杀死害虫的目的。

肉桂双瓣卷蛾

拉丁学名：*Polylopha cassiicola*（Liu et Kawabe）
分类地位：鳞翅目（Lepidoptera）卷蛾科（Tortricidae）双瓣卷蛾属（*Polylopha*）
寄主植物：肉桂、樟树、黄樟
分布地区：广东、广西

为害症状
以幼虫大量钻食寄主嫩梢，造成新梢大量死亡，主梢不断枯死，侧梢丛生。

形态特征
（1）成虫　翅展 11 ～ 14 毫米，前翅长椭圆形，前缘弯曲，外缘倾斜，底色灰褐色，有闪光，部分夹杂橘红褐色，特别是在前缘和基角；基斑比较明显，翅面上有 3 ～ 4 排成丛的竖鳞。后翅呈亚四边形，无栉毛。

（2）卵　初期乳白色，圆形，后期逐渐变为黑褐色。

（3）幼虫　老熟幼虫体长 7 ～ 10 毫米，头部和尾部黑褐色；前胸背板淡黄色，正中央有 1 长方形黑褐色斑；第 1 节淡黄色，第 2 ～ 9 节棕黄色，臀节黑褐色。

（4）蛹　长 3.5 ～ 9.0 毫米，初期黄褐色，后颜色逐渐变深，近羽化前变为

145

黑色；头两侧的复眼黑色。

发生规律

以樟树为寄主植物的肉桂双瓣卷蛾在广东一年发生 6～7 代，第 1 代幼虫于 5 月下旬开始出现，6 月上旬大量发生；第 2～4 代世代重叠明显，每个世代约 30 天，8 月下旬至 9 月上旬结束；9 月下旬幼虫数量减少。成虫寿命平均 13～16 天，卵历期平均 6 天，幼虫历期平均 18～20 天。

成虫无趋光性，白天栖息在樟树周围的地下杂草、灌木丛中，晚上飞上寄主植物进行为害。具趋嫩产卵习性，只选择在新抽嫩梢上产卵。嫩梢长达 2 厘米以上时是其大量产卵为害期，尤其是 6—8 月，为害最为严重。成虫产卵于樟树叶背面，5～8 天后孵化为幼虫。初孵幼虫沿叶柄爬至嫩梢、嫩叶，从嫩叶主脉或芽顶直接钻蛀入髓心为害，4～5 天后叶芽出现枯萎状，此时为 1 龄幼虫。2 龄幼虫蛀入嫩梢为害，当蛀道达 2 厘米左右时嫩梢有萎蔫状变化。3 龄幼虫大量取食，蛀道 4～7 厘米，梢部完全枯萎。老熟幼虫掉头回到嫩梢上方咬 1 小孔吐丝下垂落地，寻找合适的地方化蛹。

●防治方法

（1）保护和利用天敌，保护增索赤眼蜂（*Trichogrammotoidea* sp.）、日本肿腿蜂（*Goniozus japonicus*）、卷蛾啮小蜂（*Neottichoporoides* sp.）、卷蛾绒茧蜂（*Apanteles papilionis*），或人工释放螟黄赤眼蜂（*Trichogramma chilonis*）。

（2）白僵菌对肉桂双瓣卷蛾幼虫致病力强，持效性好，在林间能引起该虫白僵病的自然流行和反复侵染。

（3）防治关键时期为 5 月底至 6 月初，成虫期或成虫发生前期对嫩梢喷施 5% 氯虫苯甲酰胺悬浮剂 1 000 倍液，叶正反两面要均匀喷雾。

肉桂木蛾

· · · · · ·

拉丁学名：*Thymiatris loureiriicola* Liu
别　　名：堆砂柱蛾
分类地位：鳞翅目（Lepidoptera）木蛾科（Xyloryctidae）肉桂木蛾属（*Thymiatris*）
寄主植物：樟树、肉桂、楠木等植物
分布地区：上海、浙江、福建、广东、海南等省区市

为害症状

　　初孵幼虫取食嫩叶或嫩树皮，随即结成丝网，并在网下蛀入寄主植物枝干，在韧皮部和髓心中形成坑道。幼虫吐丝缀粪和碎屑，呈沙丘状，堵住洞口，夜间出洞将树叶拖至洞口取食。同时还咬食叶片，为害轻者影响樟树生长，为害严重的导致断梢折枝而使整株枯死。

形态特征

　　（1）**成虫**　体长18～22毫米，翅展38～50毫米，体银灰色，头黄褐色。前翅银白色，近长方形，中室端部有1小块灰黑色斑；前缘翅宽1/3处有灰黑色带，顶角及外缘处黄褐色，翅面具黑色小横脉斑，翅反面灰黄褐色。后翅灰褐色。

　　（2）**卵**　长椭圆形，长约1毫米，初产时淡绿色，后为红色，近孵化时呈灰白色。

　　（3）**幼虫**　老熟幼虫体长24～26毫米，漆黑色，被稀疏白色刚毛。

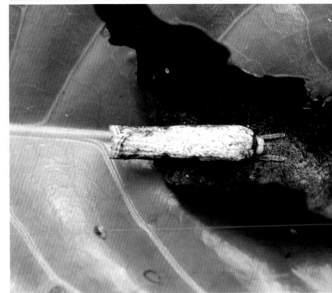

　　（4）**蛹**　黄褐色，长19～25毫米。头部顶端具1对角状小

突起；腹部第 5 ～ 8 节背、腹面具 1 环状齿列，第 8 节特别明显。

发生规律

一年发生 1 代，以老龄幼虫在樟树髓心的蛀道内越冬，翌年 3—5 月化蛹。初孵幼虫取食嫩叶或嫩树皮，随即结成丝网，在树干分叉处蛀入髓心，垂直方向向下蛀食，坑道呈拐杖形。初孵幼虫极其活跃，一受惊扰即吐丝下垂或逃离。随着虫龄增加，虫体增大，幼虫从细枝向粗枝转移，幼虫吐丝缀粪和碎屑，呈沙丘状，堵住洞口。4 龄后，常夜间爬至坑道附近的枝上，咬断叶柄将叶片拖至坑道口，插入粪屑堆取食，受害枝条上常见众多蛀孔和粪屑堆。幼虫除钻蛀枝条外，还钻蛀主干。幼虫在坑道底部化蛹，头部向上，借助于腹部的刺棘能上下活动，近羽化时运动至坑道口。成虫晚上活动，有趋光性。卵一般散产在枝条分叉处、叶柄基部及树皮裂缝。

●**防治方法**

（1）结合林木抚育管理剪除被蛀枝，消灭枝内幼虫。

（2）根据树杈处的"堆砂"找出蛀孔，灌注杀虫剂毒杀蛀道内的幼虫。

（3）卵孵化高峰期喷施 5% 氯虫苯甲酰胺悬浮剂 1 000 倍液。

（4）一种黄蚂蚁是该虫的重要捕食性天敌，该蚂蚁在植株上做泥巢，因此有蚂蚁窝的植株不用喷施化学农药。

小线角木蠹蛾

· · · · · · · · · ·

拉丁学名：*Holcocerus insularis* Staudinger
别　　名：小褐木蠹蛾
分类地位：鳞翅目（Lepidoptera）木蛾科（Xyloryctidae）线角木蠹蛾属（*Holcocerus*）
寄主植物：樟树、山楂、海棠、银杏、白玉兰、丁香、樱花、榆叶梅、紫薇、白
　　　　　蜡、香椿、黄刺玫、五角枫、栾树等植物
分布地区：东北、华北、华中、华东、西北等地区

为害症状

　　幼虫蛀食枝干木质部，几十至几百头群集在蛀道内为害，造成植株千疮百孔。与天牛为害状有明显不同（天牛 1 蛀道 1 虫），木蠹蛾蛀道相通，蛀孔外面有用丝连接的球形虫粪。轻者造成风折枝干，重者使树木逐渐死亡，严重影响城市绿化美化效果。

形态特征

　　（1）成虫　体长 22 毫米左右，翅展 50 毫米左右。体灰褐色，翅面上密布许多黑色短线纹，后翅有不明显的细褐色纹。
　　（2）卵　圆形，乳白色至褐色，卵壳密布网纹。
　　（3）幼虫　体长 35 毫米。初孵幼虫粉红色。老熟幼虫扁圆筒形，腹面扁平；

前胸背板黄褐色，其上有 1 对大型黑褐色斑；体背浅红色，有光泽，腹面黄白色，节间乳黄色。

（4）**蛹** 被蛹，褐色，体稍向腹面弯曲。

发生规律

两年发生 1 代（跨 3 个年度），以幼虫在枝干蛀道内越冬，翌年 3 月幼虫开始复苏活动。幼虫化蛹时间很不整齐，5 月下旬至 8 月上旬为化蛹期，蛹期约 20 天。6—8 月为成虫发生期，成虫羽化后蛹壳半露在羽化孔外。成虫有趋光性，昼伏夜出，将卵产在树皮裂缝或各种伤疤处。卵呈块状，粒数不等，卵期约 15 天。幼虫喜群栖为害，3—11 月为幼虫为害期。老龄幼虫在第 3 年于 5 月下旬化蛹。

●**防治方法**

（1）成虫产卵期，对产在主干及分枝处的卵块进行人工锤击；成虫期利用其较强的趋光性和性引诱特性，采用人工合成的小线角木蠹蛾性诱捕器，重点区域设置 1～2 盏诱虫灯，或用调节频振式诱虫灯诱杀成虫，开灯时间设置在每天 20：00—23：00。

（2）成虫高发期，采用 50% 杀螟松乳油和 10% 吡虫啉混合液，喷施寄主植物树干和枝叶，5 天 1 次，连续 2 次。

（3）发现树干有虫孔，并且周围有幼虫排出的粉末状新粪时，及时用高压药枪，对准孔口注入 10% 吡虫啉和 5% 高效氯氰菊酯的混合液，最后用湿泥堵住虫孔，彻底杀死幼虫。

（4）在树干有虫孔，周围有粉末状新粪时，可往孔口注射每毫升 2 万条的芜菁夜蛾线虫水悬液杀幼虫，也可对准虫孔注射白僵菌乳剂，使幼虫感染白僵菌而死亡。

樟树透翅蛾

拉丁学名：*Paranthrenella* sp.

分类地位：鳞翅目（Lepidoptera）透翅蛾科（Sesiidae）拟蜂透翅蛾属（*Paranthrenella*）

寄主植物：樟树

分布地区：广东、浙江、台湾、上海等省区市

为害症状

以幼虫钻食主干韧皮部和边材木质部，植株受害部位皮层隆起、开裂成坏死疤，组织遭到破坏而下陷，影响营养输导，使树势衰弱，叶片枯黄脱落，如环食树干一周，则全株枯死。

形态特征

（1）成虫　体长 12～15 毫米，翅展 19～24 毫米。头顶有紫褐色向前的毛束，其间杂有少许黄毛；下唇须黄色，中节端部及端节杂有黑色。胸部背面具 3 条黄色纵带，中间纵带与后胸小盾片两侧黄带成倒 "Y" 形，后胸后缘也为黄色横带，后胸后缘两侧为黄色长毛丛；后胸盾片、肩斑及背面 3 条黄带线间 2 条 "八" 字形纵纹紫褐色，胸鳞片都向后覆盖。前翅端斑大小正常，脉被黑色鳞，脉间被有黄色鳞；近前翅基部有 1 个黄色斑；透明区显见；端斑、前翅外缘脉间带黄色，缘毛黄褐色（杂有黄毛）。后翅透明，外缘至臀角均具黑色边，后缘具黄色边，缘毛黄色。各足除腿节背面淡紫褐色外，其余均为黄色；后足胫节在端距基部上方外侧有 1 个大而显眼的黑色斑。

（2）卵　椭圆形，略扁，中央微凹，黑褐色，外饰灰白色网状花纹，长约 0.4 毫米，宽约 0.3 毫米。

（3）幼虫 共 5 龄，乳白色。5 龄幼虫长 17～29 毫米，头壳宽 4～5 毫米，头红褐色，前胸背板略骨化，淡褐色，具 1 倒"八"字形褐色纹；腹部乳白色，背面微红，有时受蛀屑或虫粪液影响成污白色或紫黑色，老熟时食物排空腹背部成淡黄色。

（4）蛹 纺锤形，预蛹浅黄色，近羽化时黄褐色。蛹体微向腹部弯曲。腹部背面第 2 节具 2 横列隐约可见的微刺；第 3～6 节有 2 排短刺，前排大，后排小；雄蛹第 7 节有 2 排刺，雌蛹 1 排刺；第 8～9 节各具 1 排刺。腹末周围有 10 个短而坚硬的臀棘，每个刺尖附近下边有 1 根短刚毛。

（5）茧 椭圆形，长 18～22 毫米，宽 5～6 毫米，白色或外粘有黑褐色粪屑。茧壁厚实，表面连缀木屑和粪便，顶端织有圆盖。

发生规律

一年发生 2 代，以 3～5 龄幼虫越冬。成虫产卵前，雌成虫常围绕着树基飞舞，寻找产卵处。卵多产于树皮裂缝、伤口、旧虫疤的边缘等处。卵多散产，产 1 粒后继续爬行或振翅起飞，另找产卵部位。卵分布在树干基高 80 厘米范围内。初孵幼虫主要从伤口、粗皮裂缝及旧虫疤边缘的缝隙等软组织处侵入，少部分有明显的侵入孔，侵入后吐丝粘连组织或以虫粪堵住缝口，将身体隐于其中，然后开始取食浅层韧皮部，后逐渐进入边材木质部蛀食。幼虫侵入即可见有粪便和咬剩的碎屑排出，取食的周边韧皮部和木质部表层会软化，树皮逐渐肿胀、开裂。幼虫主要为害形成层和木质部表层，一般纵向、向上取食，每头幼虫的潜食区长 10～15 厘米，宽 1.0～2.5 厘米。

●防治方法

（1）利用红糖、陈醋加晶体敌百虫诱杀成虫。

（2）苗木基干涂白，用生石灰、硫黄粉、食盐、胶水、水按 10∶1∶1∶1∶30 的比例混合均匀制成白涂剂，自主干基部围绕树干涂刷至 80 厘米高处，破坏透翅蛾产卵环境。

（3）卵孵化期，幼虫侵入树干前是防治的关键时期，可用 48% 乐斯本加柴油（1∶5）混合液进行涂干。在生产中，见新鲜的虫粪排出、老虫疤树皮隆起处，可削去粗皮，再进行涂干，效果更好。

（4）在成虫羽化期，可用绿色威雷微胶囊乳油 1 000 倍喷林缘、林中空地或林木稀疏地花草。

（5）选用内吸性药剂，如 20% 吡虫啉乳油、48% 乐斯本乳油 3 倍液打孔注药，用量按株每厘米胸径 1 毫升计。

地下害虫

华胸突鳃金龟
· · · · · · · · ·

拉丁学名：*Hoplosternus sinenesis* Guerin

分类地位：鞘翅目（Coleoptera）鳃金龟科（Melolonthidae）突鳃金龟属
（*Hoplosternus*）

寄主植物：樟树、油茶等植物

分布地区：广东、江西等省

为害症状

成虫食叶，幼虫食害地下根、茎。

形态特征

成虫头、前胸背板及小盾片黑褐色并有绿色金属光泽，鞘翅背面大部分为栗褐色，外侧、腹面、臀板黑褐色。头大，头面平整，唇基长大，前缘中微凹，刻点密，额或头顶刻点大而较稀。触角 10 节，雄成虫鳃片部 7 节长而大，雌成虫鳃片部 6 节短而直。前胸背板阔而呈弧拱状，刻点匀密，侧缘弧形扩出，边框为具毛刻点所断，前侧角钝，后侧角略呈锐角形，后缘波形弯曲，中段向后弧凸。小盾片短阔，近半圆形。鞘翅后方略收狭，4 条纵肋狭，纵肋 Ⅲ 最弱，但可辨，缘折圆而匀，后方止于弧弯处。臀板近三角形，末端横截。胸下密被棕褐色绒毛。中胸腹板有前伸、滑亮、锥形腹突。腹下密被黄褐色短鳞，前 4 或 5 腹板两侧有常模糊的乳白色、三角形斑。

发生规律

不详。

●防治方法

（1）对于蛴螬发生严重的地块，在深秋或初冬翻耕土地，不仅能直接消灭一部分蛴螬，而且可将大量蛴螬暴露于地表，使其被冻死、风干或被天敌啄食、寄生等。

（2）利用黑光灯诱杀成虫。

（3）用绿僵菌感染和杀灭幼虫。

（4）大发生时喷施 3% 高渗苯氧威乳油 2 000 倍液防治。

无斑弧丽金龟

拉丁学名：*Popillia mutans* Mewman
别　　名：豆蓝金龟子、豆蓝丽金龟子、无斑弧丽金龟、蓝色金龟子
分类地位：鞘翅目（Coleoptera）丽金龟科（Melolonthidae）丽金龟属（*Popillia*）
寄主植物：樟树、月季、蔷薇、紫薇等多种植物
分布地区：全国各地

为害症状

幼虫土栖，为害寄主根茎，是苗期的主要地下害虫。

形态特征

（1）成虫　体长 9～14 毫米，略呈纺锤形，全体墨绿色、深蓝色，有强烈的金属光泽。臀板无毛斑。触角 9 节，棒状部由 3 节组成。前胸背板较短宽，前、侧方刻点较粗密，中、后部刻点十分疏细。小盾片大，短阔三角形，基部有少量刻点，末端钝圆。翅鞘短阔，后方明显收狭，末端圆形，小盾片后侧有 1 对深陷横凹，背面有 6 条浅缓刻点沟。

（2）幼虫　黄白色，虫体光泽强烈，臀板全部外露，具 2 个显著的白色毛斑。

发生规律

一年发生 1 代，以 3 龄幼虫在土中越冬。翌年土温回升时，越冬幼虫向上移动，4 月底前后开始在土中化蛹，5 月成虫羽化，6—7 月为羽化盛期。雌成虫于 6 月开始在土中产卵。幼虫在土中取食植物细根和腐殖质，10 月随着气温下降，幼虫向深土层移动，开始越冬。成虫喜群集在花卉花蕾、花冠和花蕊为害，造成花朵残缺、脱落。

●防治方法

同华胸突鳃金龟防治。

拉氏梳爪叩甲

拉丁学名：*Melanotus lameyi* Faldermann

分类地位：鞘翅目（Coleoptera）叩甲科（Elateridae）梳爪叩甲属（*Melanotus*）

寄主植物：樟树等植物

分布地区：湖北、河南、浙江、广东、广西、四川、贵州等省区

为害症状

幼虫生活于土中，取食寄主植物的根茎。

形态特征

成虫体狭长，栗褐色，黄色绒毛长而均匀。头宽，正方形，前缘拱出，几乎横截，刻点强烈。前胸背板长大于宽，向前变窄；背面不太凸，基部低平；后角尖，靠近侧缘有1条明显的脊。小盾片近长方形，有刻点。鞘翅长，两侧近平行，从后部1/3处开始向后变狭，端部拱出。

发生规律

不详。

● 防治方法

（1）利用成虫趋光性特点，用黑光灯进行诱杀。

（2）每平方米虫口密度超过1.5头时，向土中喷施3%高渗苯氧威乳油3 000倍液防治。

其他有害生物

双线蛞蝓

● ● ● ● ●

拉丁学名：*Agriolimax agrestis* Linnaeus
别　　名：鼻涕虫、软蛭、蜒蚰螺
分类地位：柄眼目（Stylommatophora）蛞蝓科（Limacidae）野蛞蝓属（*Agriolimax*）
寄主植物：樟树、草葡萄等植物
分布地区：上海、江苏、浙江、湖南、广西、广东、云南、四川、贵州、河南、新疆、黑龙江、北京等省区市

为害症状

直接啃食寄主植物嫩叶，咬成孔洞或缺刻。

形态特征

（1）**成体**　伸直时体长 30 ～ 60 毫米，长棱形，柔软光滑而无外壳，体表暗黑色、暗灰色、黄白色或灰红色。触角 2 对，暗黑色。下边 1 对短，约 1 毫米，称为前触角，有感觉作用；上边 1 对长约 4 毫米，称为后触角，端部具眼。体背前端具外套膜，为体长的 1/3，边缘卷起，其内有退化的贝壳（即盾板），上有明显的同心圆线，即生长线。同心圆线中心在外套膜后端偏右。呼吸孔在体右侧前方，其上有细小的色线环绕。黏液无色。右触角后方约 2 毫米处为生殖孔。

（2）**卵**　圆形，韧而富有弹性，直径 2 ～ 2.5 毫米，白色透明，可见卵核，近孵化时色变深。

（3）**幼体**　初孵化幼体长 2 ～ 2.5 毫米，淡褐色，体形同成体。

发生规律

以成体或幼体在根部湿土下越冬。5—7 月大量活动为害，入夏气温升高，活动减弱，秋季气候凉爽后又活动为害。雌雄同体，异体受精，亦可同体受精繁殖。卵产于湿度大、有隐蔽的土缝中，每隔 1 ～ 2 天产 1 次，每处产卵 10 粒左右，平均产卵量 400 余粒。野蛞蝓怕光，强光下 2 ～ 3 小时即死亡，因此均夜间活动。从傍晚开始出动，22：00—23：00 达高峰，清晨之前又陆续潜入土中或隐蔽处。耐饥力强，在食物缺乏或不良条件下能不吃不动。

●防治方法

（1）在蛞蝓经常活动和受害植物周围，放置诱饵嘧达颗粒剂或堆放喷上 90% 晶体敌百虫 20 倍液的杂草，诱杀虫体。

（2）在蛞蝓喜栖息的阴暗场所，傍晚在寄主植物周围撒施 3% 生石灰粉或泼浇五氯酚钠，毒杀成体、幼体。

灰巴蜗牛

拉丁学名：*Bradybaena ravida*（Benson）

别　　名：水牛儿、小田螺

分类地位：柄眼目（Stylommatophora）巴蜗牛科（Bradybaenidae）巴蜗牛属
　　　　　（Bradybaena）

寄主植物：樟树、红枫、铁皮石斛等植物

分布地区：东北、华北、华东、华南、华中、西南、西北等地区

为害症状

以其舌面上的尖锐小齿啮食寄主植物的嫩芽和叶片，受害部形成不整齐的孔洞和缺刻，为害严重时能吃光叶片、咬断嫩茎。

形态特征

（1）成体　壳质稍厚，坚固，呈圆球形。壳高19毫米，宽21毫米，有5.5～6个螺层，顶部几个螺层增长缓慢、略膨胀，体螺层急骤增长、膨大。壳面黄褐色或琥珀色，具有细致而稠密的生长线和螺纹。壳顶尖。缝合线深。壳口呈椭圆形，口缘完整，略外折，锋利，易碎。轴缘在脐孔处外折，略遮盖脐孔。脐孔狭小，呈缝隙状。个体大小、颜色变异较大。

（2）卵　圆球形，初产时乳白色，光亮湿润，后变淡黄色，最后成土黄色。卵多产在泥土中，卵粒间有胶状物粘连。卵壳石灰质，较坚硬，在空气中或阳光下很快爆裂。

（3）**幼体**　基本形态和颜色同成体，但体较小，直径约 0.8 毫米，宽约 1.3 毫米。初孵化时壳薄，半透明，淡黄色，有光亮，可隐约看到壳内肉体。肉体乳白色，带斑纹。成长幼体壳口较薄，不向表面反转。活动习性和成体基本相同。

发生规律

畏光怕热，具有趋暗性，喜栖息于灌木丛、草丛、乱石堆、枯草落叶下、作物根际、土块和土缝中，以及腐殖质多、阴暗潮湿的环境。初孵化幼体先集中在一起取食，稍大后分散取食。一般在夜间和早晚活动，露水越大，活动为害愈盛。有明显的昼伏夜出习性，傍晚开始出壳活动取食，一直到第 2 天日出前停止。阴雨天可整天活动为害。天气晴热时，白天隐藏在寄主根部的土块下或附近的隐蔽地方，夜间出来为害。当遇到高温、干旱天气时，壳口封上 1 层白膜潜伏在土中，等到下雨后再活动。

●**防治方法**

（1）清晨或阴雨天人工捕捉集中杀灭。或傍晚前后在林间设置草堆，夜间灰巴蜗牛会集中躲于其下，次日早晨揭开杂草，将诱集的灰巴蜗牛集中杀死。或于晴天傍晚，在寄主植物周围撒施刚化开的新鲜石灰粉，夜间灰巴蜗牛爬过石灰时即可失水致死。

（2）用茶籽饼粉 3 千克撒施，或用茶籽饼粉 1 ～ 1.5 千克加水 100 千克，浸泡 24 小时后，取其滤液喷雾，或每平方米撒施茶粕 600 克。

（3）灰巴蜗牛活动为害盛发期在 8：00 之前或 18：00 之后，每公顷寄主植物用 74% 灭蜗佳可湿性粉剂 675 克、80% 蜗克可湿性粉剂 3 750 克、2% 苏阿维可湿性粉剂 900 克或 25% 甲萘威可湿性粉剂 3 000 克，对水 600 千克，进行植株喷雾，7 ～ 10 天后再防治一次。

（4）盛发期于晴天早晨或傍晚每公顷用 6% 四聚乙醛颗粒剂 0.03 千克、6% 甲萘四聚颗粒剂 9 千克或 10% 多聚乙醛颗粒剂 9 千克，拌细干土 3 375 ～ 4 500 千克均匀撒施于寄主植物周围，每隔 7 ～ 10 天防治 1 次，连续防治 2 次，可有效控制灰巴蜗牛的为害。

附　　录

天敌

蜂

红显蜷

猎蜷

六条瓢虫

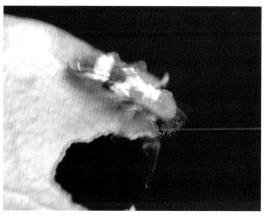

绿腹新圆蛛

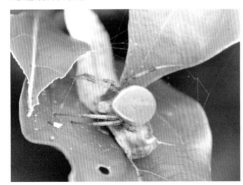

深山小虎甲

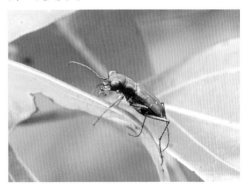

食虫虻

小犀猎蝽象

未鉴定种类

162